LA REBELIÓN DE LOS PACIENTES

LA REBELIÓN DE LOS PACIENTES

Contra una atención médica industrializada

Víctor Montori

Traducción de Manuel Iris

Antoni Bosch editor, S.A.U.
Manacor, 3, 08023, Barcelona
Tel. (+34) 93 206 07 30
info@antonibosch.com
www.antonibosch.com

Título original de la obra: *Why Why Revolt – The Patient Revolution*

ISBN: 978-84-121063-1-2
Depósito legal: B. 11168-2020

Diseño de la cubierta: Compañía
Maquetación: JesMart
Corrección de pruebas: Ester Vallbona
Impresión: AKOMA

Impreso en España
Printed in Spain

A mis hijos.
A mi madre.
A Claudia

Prólogo

La presente edición de esta obra coincide con un desastre mundial. Una pandemia de fiebres asfixiantes ha galopado sobre nuestras vidas junto al miedo, la desinformación y el aislamiento. Para derrotar al virus, hemos aprendido a mantenernos lejos del otro. En el momento de escribir estas líneas, el virus ha diezmado la cercanía, el beso, el apretón de manos, el abrazo, la presencia y el contacto.

Esta pandemia se ha convertido, sin embargo, en uno de esos desarrollos urbanos que, sin quererlo, desentierran ruinas antiguas que revelan algo nuevo sobre nuestro presente. COVID-19 ha hecho evidente nuestra humanidad fundamental, el cuidado que llevamos en el corazón y las manos. Para derrotar al virus hemos debido guardar distancias, pero hemos tomado la idea del «distanciamiento social» y la hemos reducido a un «distanciamiento físico», y eso nos ha hecho crecer en solidaridad. Encontramos la manera de cantar desde nuestros apartamentos y terrazas, de jugar al bingo con los ancianos solos y asustados del asilo de enfrente, de dejarles presentes a los trabajadores municipales, de construir carpas para los sin techo en un recinto ferial y de colaborar para que todos tengan algo de comer. Enviamos poemas, cartas, tarjetas y notas tanto a a extraños como a los familiares y amigos que echábamos de menos. El mundo desaceleró su ritmo y las familias pudieron disfrutar de tertulias sin prisa.

Los clínicos respondieron al privilegio de estar al pie de la cama del paciente presentándose a cuidarlo a pesar del riesgo de contagio. Encontraron a sus pacientes crónicos en casa, rechazados por los hospitales sobrepasados, y cuidaron de ellos de manera mínimamente impertinente.

Las comunidades cuidaron del prójimo. La atención del paciente se tornó cuidadosa y gentil.

Esto validó nuestra revolución. Sus objetivos se materializaron, se hicieron factibles, posibles, aquí y ahora mismo.

No podemos olvidarnos de esto.

La medicina industrializada, tal como describe este libro, dejó hace tiempo de cuidar. La pandemia solo ayudó a exponer con más claridad cómo se había corrompido su misión. Los *líderes* políticos y corporativos hicieron los mismos cálculos que los oportunistas y especuladores. Se volvió muy costoso conseguir más ventiladores mecánicos, y una persona mayor afectada le pidió a su médico que usara el ventilador que había para tratar a un joven también infectado. Escasearon las mascarillas y otros equipos de protección personal, y eso aumentó innecesariamente el riesgo de exposición al coronavirus. Por ello, una médica cansada tuvo que dormir en el sótano de su casa, separada en cuarentena de sus hijos pequeños, con el dulce sonido de sus risas llegando solo gracias al móvil, sus besos apretándose contra la superficie dura de la pantalla. Por ello, se prohibió entrar en el hospital y los asilos a los familiares y los seres queridos, y dentro se dejó que las personas sufrieran sin poder tomarle la mano a nadie, y que murieran solas.

Finalmente, nos volveremos inmunes al virus. Entonces, las sonrisas se desenmascararán, los apretones de manos perderán sus guantes y los abrazos se harán mas fuertes. La fraternidad dejará de ser inmaterial, volveremos a confiar en el aire presente entre nosotros y volveremos a tocarnos. Los cantantes bajarán de los balcones y de los terrados para cantar en el espacio común de la plaza. El solitario será tocado, el angustiado será aliviado.

Pero luego, despertaremos. El nuevo día no nos encontrará abrazándonos o cantando con extraños, sino abocados a nuestro quehacer habitual. La crisis de la economía pospandémica será el argumento urgente para insistir en la industrialización de la atención sanitaria, para hacerla más eficiente, estandarizada, automática, artificial y genérica. Más rentable y menos cuidadosa. Un reflejo más fidedigno de una sociedad abocada a la producción que se olvidó de que fue la solidaridad lo que le permitió sobrellevar esa noche tan larga. Una vez más, el amanecer del cuidado, la gentileza y el amor existirá solo en el poema, en la utopía.

Este libro imagina un mañana alternativo. No será un día de celebración porque la crueldad y la codicia, hechas norma, querrán regresar y adueñarse de este día. En lugar de eso, imagina un día improbable, pero ya no imposible, en el que reconozcamos las cicatrices de esa larga noche que atravesamos todos y que nos recuerdan que tenemos un destino común. Un día en el que no olvidemos que nuestro quehacer habitual debe ser el de cuidar y preocuparnos por el prójimo. En el que no olvidemos lo que hemos sido capaces de hacer. En el que nos acordemos de las canciones que cantábamos cuando lo hicimos.

Y en el amanecer de ese día nos rebelaremos para alcanzar una atención cuidadosa y gentil para todos.

Víctor Montori
Rochester, Minnesota
Abril 2020

Índice

Rebelión

Orwell decía que uno debe escribir, entre otras razones, para «ver las cosas como son, para encontrar los hechos verídicos y conservarlos para la posteridad». Este libro surge de mi necesidad de hacer precisamente eso. Lo que yo observo es que la medicina ha visto corrompida su misión, ha dejado de cuidar del paciente. No, no quiero ser parte de ello. Ha llegado la hora de que se produzca una rebelión de los pacientes por una atención cuidadosa y gentil para todos.

Este libro también describe lo que creo que no funciona en la medicina industrializada. Esta no pone su atención en cada paciente, sino que estandariza prácticas para *pacientes como este*, en vez de cuidar a *este paciente*. La especialización, aunque mejora la eficiencia, se centra en órganos y enfermedades. El miedo a desviarse de rígidos protocolos lleva a los clínicos[1] a ignorar a la persona. Los sistemas que priorizan el acceso a la atención y el número de consultas ponen de manifiesto el poco valor que le dan a la profundidad de la interacción entre los clínicos y sus pacientes. Cuando las citas son obligatoriamente breves y superficiales, los pacientes deben pasar apresuradamente por consultas en las

[1] Con el término *clínicos* el autor se refiere a cualquier profesional dedicado al cuidado del paciente y que desempeñe su labor con la misión de atenderlo y procurar su salud, bien sean médicos especialistas, generalistas, enfermeros, asistentes, etc. *(N. del E.)*

cuales el médico no puede advertir su situación con claridad. Este *no-advertir* al paciente es también el resultado de encuentros clínicos saturados de tareas administrativas, como la documentación y los cobros. Tareas que desvían la atención hacia las pantallas de los ordenadores, distrayéndola del cuidado y concentrándola en la burocracia.

¿Cómo se puede cuidar del paciente sin tenerlo en cuenta, sin notar sus particularidades, relegándolo a ser solo una imagen difusa? A juzgar por las historias que pacientes y clínicos o profesionales de la sanidad nos cuentan, el verdadero cuidado ocurre casi por error: cuando alguien hace una excepción, se desvía del protocolo o decide ignorarlo. Sin estos accidentes, sin estos errores, la medicina industrializada es capaz de una crueldad que, sin ser intencional, es dañina. De esta manera, la industria de la salud continúa su marcha hacia el poder y la fortuna, mientras hace del cuidado un accidente y de la crueldad, un hábito. Así, por enfocarse en sus metas industriales, la industria de la salud se ha alejado del cuidado del paciente.

Los pacientes no son los únicos perjudicados. La medicina industrializada está matando el alma de quienes curan y alivian. La productividad a toda costa desgasta a los clínicos, que no pueden encontrar sentido a su trabajo en consultas fugaces, concertadas bajo la presión de la eficiencia. Tampoco pueden solicitar el apoyo de sus siempre desbordados colegas. Los clínicos sienten que se abusa de ellos, que no son valorados y que no pueden valorar a sus pacientes. Continuamente extenuados, ven que el suicidio y el divorcio se han convertido en circunstancias inherentes a su trabajo, en la maldición de su quehacer. La industria de la salud ha dejado de interesarse por los que están en el frente de batalla: pacientes y clínicos.

Muchos de mis pacientes, mi familia y hasta yo mismo nos hemos beneficiado de las maravillas de la medicina moderna: cirujanos expertos trabajando en equipo, instalaciones limpias y bien equipadas, servicios cuidadosamente organizados que colaboran entre sí y se coordinan para actuar, profesionales bien formados que atienden amablemente a los enfermos, salvaguardando su dignidad. Todo esto es posible. Sucede. Pero no es la norma ni lo habitual. Este es el *como debe ser* que a veces tengo la gran suerte de experimentar.

Sin esa suerte, esa medicina *como debe ser* se esconde tras una larga lista de citas brevísimas y apretadas unas tras otras, tras la sonrisa furtiva de un médico a otro que va corriendo a ver al siguiente paciente, tras la mirada de reojo del personal que hubiese querido brindar una mejor atención. Se asoma entre líneas en las notas que recibo de mi familia y amigos pidiéndome una segunda opinión o contándome sus historias, algunas de ellas relatos terroríficos de una medicina técnicamente perfecta aplicada a la persona incorrecta o en la situación equivocada. Me rompe el alma ver lo que hemos hecho, por ejemplo, con este paciente: una historia clínica repleta de exámenes y procedimientos clínicos, 12 medicamentos, múltiples especialistas, y relatos que dejan claro que ninguno de ellos se detuvo a prestarle atención. Muchas veces tengo miedo de ser yo mismo ese médico, ese engranaje de la máquina, el que no se detiene a prestarle atención a la persona, el que no la percibe.

El sencillo acto de percibir a la persona y actuar en consecuencia posibilita que el paciente reciba un cuidado que tenga más sentido intelectual, emocional y práctico: un cuidado científico que responda a sus necesidades y que esté en consonancia con su modo de ver el mundo, con su vida. Este es un cuidado que reconoce que los pacientes quizá prefieran dedicar su tiempo, esfuerzo y energía (recursos limitados y preciosos) a otros asuntos que compiten en importancia con las tareas administrativas y de autocuidado que la medicina ha delegado en ellos. Es un cuidado que responde con competencia, ciencia, creatividad y humanidad para enfrentar la situación del paciente sin abrumarlo ni crearle nuevos padecimientos.

Espero que las palabras contenidas en estos capítulos enciendan en el lector la necesidad urgente de unirse a nosotros para abolir la distancia entre la medicina *como es* y la medicina *como debe ser*. Para abolir el cuidado accidental y la crueldad habitual. Para convertir el cuidado del paciente en la finalidad de la medicina, y no en un medio para alcanzar objetivos industriales. Para asegurarnos de que la mejor atención médica esté al alcance de quien la necesite. Los clínicos –es decir, todos aquellos que han sido honrados con el privilegio de participar en el cuidado de los pacientes– deben tener presente a cada persona que necesite su cuidado y actuar a su favor. Deben saber percibir las circunstancias de cada persona, sus preocupaciones, su contexto, su biología y su biografía. Ahora bien, para percibir verdaderamente a cada paciente, el clínico debe permitir que, por un momento, su vida y la del paciente se acerquen, como dos embarcaciones que se amarran juntas para seguir una misma trayectoria. Así, navegando juntos por aguas agitadas, con elegancia y sin prisa, el paciente y el profesional que lo atiende pueden, con compasión y competencia, trazar juntos una ruta que permita al primero superar su problema. Este tipo de tratamiento cuidadoso, amable y al alcance de todos debe ser la meta de una rebelión de los pacientes.

El presente libro está organizado como una serie de ensayos. La primera parte describe los males de la medicina industrializada, los que la rebelión de los pacientes debe erradicar: la crueldad, la figura del paciente como una imagen difusa, el incordio de los tratamientos y la codicia. La segunda parte plantea algunos antídotos: la elegancia, la solidaridad, el amor y la integridad. La tercera parte propone una atención cuidadosa y sin premuras. El libro concluye señalando el poder revolucionario de las conversaciones y describiendo las catedrales que la rebelión deberá levantar.

Este libro no es un reporte de investigación ni un resumen de una serie de observaciones expertas o rigurosas. Escribir un texto como este es algo nuevo para mí, dado que soy un médico que ha pasado gran parte de su vida dirigiendo y publicando investigaciones científicas. Estoy seguro de que el trabajo que mi equipo y yo hemos desarrollado durante más de una década ha influido en mi modo de ver y describir el mundo. Como académico, he tratado de ser riguroso y razonable. Sin embargo, este libro no es académico, imparcial ni desapasionado, sino una descarga del alma, un relato honesto. Al buscar las palabras para contar lo que veo, tratando de persuadir al lector para que también lo vea así, he llegado a distinguir, o a distinguir con mayor claridad, lo que documento aquí. Y del mismo modo que mis ideas se han ido aclarando, también espero que el lenguaje con que las describo se haya hecho más claro. Por otro lado, soy consciente de que la forma en que describo la medicina como *debe ser* responde a mi visión optimista, resistente pese a mil decepciones, de que la humanidad se supera inexorablemente.

Terminé de escribir este ensayo en 2017, desde dentro de la industria de la salud, a partir de las observaciones hechas durante mi formación en Perú, y mi formación y práctica en la Clínica Mayo, en Estados Unidos. Sin embargo, en mis viajes y presentaciones he sido testigo de que lo contado aquí resuena globalmente, sin importar cómo estén o sean organizados, financiados u ofrecidos los servicios de salud. Para que estos textos mantengan su valor más allá de mi contexto geográfico, me he mantenido al margen de asuntos que tienen que ver específicamente con la reforma de la salud en Estados Unidos –esto es, de los debates acerca de si todos deberían tener acceso a los servicios de salud, disfrazados de debates acerca de cómo proporcionar estos servicios–, ya que de otro modo hubiera tenido que escribir exclusivamente sobre ello. El éxito de mi trabajo debe ser juzgado por su capacidad para dar lugar a un lenguaje, a que surjan pensamientos y acciones encaminados a una revolución en el aquí y ahora, pero también en cualquier otro lugar o momento.

El privilegio de trabajar junto al paciente me ha permitido conocer historias que han permanecido en mí, de manera inconsciente, hasta que me he visto frente a la página en blanco. Cualquiera que me conozca sabe de mi incapacidad para recordar, de modo que estas historias han tenido que superar lo inmediato, el peso de lo urgente y el ruido cotidiano, para emerger a la superficie. No me propuse escribir un libro de historias, pero respeto el poder que tienen y opuse poca resistencia cuando insistieron en ser compartidas. Algunas de ellas surgieron de conversaciones con mi familia, colegas, pacientes y la gente que los cuida, así como con mis compañeros investigadores. A menos que me hayan dado su permiso, las he alterado para evitar que alguien pudiera ser reconocido, de modo que estos relatos son ficticios, pero no falsos. He intentado proteger su verdad, su génesis íntima y la privacidad de sus protagonistas. Espero haber honrado su belleza y haberles servido de relator fidedigno.

Mi objetivo principal es persuadir al lector de que tenemos que transformar los servicios de salud para que dejen de ser una actividad industrial y se conviertan en una actividad altamente humana, capaz de atender a todos con cuidado y amabilidad. Para avanzar hacia ello, mi estrategia es comunicar las cosas que hacen de la medicina industrializada una práctica profundamente indeseable para la sociedad, y describir cómo contrasta esto con una atención médica científica, sin prisas y centrada en la persona. La diferencia entre *lo que es* y *lo que debe ser* es lo que confiere voltaje a esta rebelión: es la razón por la que nos rebelamos.

No espero que el detonante del cambio vaya a venir desde dentro del sistema. Por ello, confío en que sean los ciudadanos, los propios pacientes, los que lideren este cambio. No dudo de que los estudiantes de las profesiones relacionadas con la salud y los profesionales del cuidado los seguirán. Dejo en manos de personas más inteligentes que yo la tarea de diseñar y llevar a la práctica acciones específicas que puedan engendrar y sostener esta rebelión de los pacientes y por los pacientes. Mi objetivo es que estas páginas encuentren un lugar útil en las mesas y bibliotecas de grupos revolucionarios y que el lenguaje contenido en ellas encuentre un eco en sus propios escritos, conversaciones, pensamientos y, finalmente, en sus acciones.

Espero que tú te unas cuanto antes a la rebelión de los pacientes. Tus acciones pueden cambiar los servicios de salud para tu familia, mejorar la atención al paciente en tu comunidad, o incluso transformar la medicina para que deje de ser una actividad industrial y se vuelva una actividad humana. Espero que cuando cierres este libro, lo escrito aquí actúe en ti como catalizador para que te pongas en pie, te movilices y persuadas a otros. Sueño con que las palabras de este libro, necesarias pero insuficientes, proporcionen los análisis, argumentos y acciones que los pacientes necesitan para rebelarse.

Primera parte

Crueldad

Estábamos en el mejor hospital universitario del país. Se había hecho tarde y nos sentíamos cansados y agobiados. Los pacientes más graves habían sido admitidos, pero muchos otros esperaban fuera, haciendo una fila que se extendía, como fichas de dominó, desde la puerta del área de emergencias hasta el final del hospital. Los de dentro estaban en camillas dispuestas en las áreas de tratamiento. Llenaban los pasillos, las sillas, el suelo. Era la época de la hiperinflación y el terror en Lima, Perú. A mí me quedaba un año para graduarme en medicina.

Un hombre corpulento y bebido llegó con una laceración en el cuero cabelludo. Una de mis colegas empezó a limpiarle la herida y consideró, equivocadamente, que el hombre no necesitaba anestesia local. El paciente respondió violenta y abruptamente, tomó una botella de antiséptico rojo y se la lanzó a la cabeza. Falló por muy poco. El grito de mi compañera y el líquido rojo salpicado por todas partes actuaron como una especie de alarma: otros doctores en formación corrieron a ayudarla. Primero trataron de contener al paciente. Poco después, la pandilla de las batas blancas lo había inmovilizado y lo golpeaba. Al final del incidente, además de la herida inicial, el hombre tenía la cara hinchada y cortada, cortesía de la promoción de 1995.

Lo que aquel paciente recibió en golpes, se lo proporcionábamos verbalmente a cualquiera que se quejara y nosotros decidiéramos no ignorar. Este lugar era nuestra sala de emergencias y esta gente, los pacientes, estaban ahí para molestarnos, interrumpirnos y hacer nuestro día más difícil. Habíamos logrado deshumanizar las «laceraciones», los «cuerpos extraños» y los «apéndices» hasta no poder ver a la persona detrás de la etiqueta de «analfabeta» o «indigente». Estos seres infrahumanos no solamente eran desafortunados y pobres sino que, para nosotros, eran descuidados, irresponsables y hasta estúpidos. Como una droga potente, eficaz pero amarga, en nuestra sala de emergencias podíamos salvar una vida al mismo tiempo que la degradábamos.

Décadas de investigación sociológica y psicológica explican el comportamiento de la pandilla de las batas blancas. Pero ¿qué hay de las rondas a cargo de médicos con larga trayectoria y experiencia? En su tesis de grado, un estudiante seis años mayor que yo señaló que, cuando estos médicos se paraban junto a la cama del paciente, casi nunca le prestaban atención. No había ningún saludo, ninguna conversación, explicación, felicitación o preocupación. Tal vez le hacían alguna pregunta cuyo propósito era resolver el rompecabezas diagnóstico. Tal vez lo examinaban, pero solo para detectar algún signo clínico de interés. Como si la persona no existiera, y el paciente fuera un simple objeto.

A pesar de todo esto, a nadie le parecía que nosotros, los que estábamos en formación, careciésemos de interés por los pacientes. Manejábamos un complejo sistema de redistribución en el que pedíamos a los pacientes con recursos económicos que consiguieran o compraran suministros de más, que luego nosotros guardábamos para poder ayudar a pacientes menos afortunados. Usábamos la credencial de asistencia social de un paciente para conseguir insumos gratuitos para otro que no cumpliera con los requisitos del programa. Gracias a nuestro trabajo, los pacientes recibían tratamientos, exámenes y operaciones. Mejoraban, se iban a casa y nosotros ganábamos reconocimiento. Quizá nos interesaban los pacientes, pero francamente hacíamos la mayor parte del trabajo para impresionar a los médicos de mayor rango y a otros superiores con nuestra eficiencia y capacidad para resolver problemas.

A veces esa agitación se interrumpía. Casi siempre ocurría de noche, cuando la calma inunda el hospital. Un cambio súbito, una reevaluación abrupta de lo que había que hacer. Es en esos momentos en los que el clínico,[2] de pronto, advierte a la persona en el paciente, acerca una silla e inicia una conversación.

Cabos lanzados de una embarcación a otra. Permiso para abordar.

«¿Quién vino a visitarla hoy? ¿Quién es la persona que se ve en la foto que hay junto a su cama?»

Por un momento los botes se acercan, entran en contacto y sus estelas se funden.

Pero pronto deberán separarse, zarpar.

El médico se levanta porque un nuevo caso, una «neumonía», ha sido internada en el hospital.

En otra parte del hospital peruano, el recepcionista de muestras del laboratorio tomaba su café, siempre con la misma cantidad de leche. Poco antes había descartado los tubos de ensayo con sangre de un paciente porque no contenían la cantidad de sangre exacta requerida para realizar la prueba.

«¡No, no! ¡Ese paciente tiene venas muy difíciles!», gritaba el estudiante.

El recepcionista permaneció impasible. La muestra de sangre se había perdido, el examen no había podido hacerse, y el interno iba a quedar mal en la ronda médica. A veces, las muestras de sangre eran descartadas porque llegaban al laboratorio segundos después de la hora límite. El recepcionista bebía su café, satisfecho de que su trabajo elevara la calidad del laboratorio. El interno, de regreso junto a la cama del paciente, explicaba «lo lamento mucho, pero tengo que sacarle sangre de nuevo». La crueldad del protocolo aplicado rígidamente.

Al otro lado del mundo, 18 años después, conocí al experto en diabetes más importante de Estados Unidos. Él siempre recetaba las medicinas más nuevas. Decía que tenía que hacerlo porque cuando enseñaba, o cuando sus colegas le pedían opinión, se es-

[2] Véase nota 1, en la pág. 11 de la Introducción.

peraba que tuviera experiencia en el uso de los últimos adelantos y tecnologías. Sus pacientes eran los primeros en recibir medicamentos aprobados recientemente. Los representantes de las farmacéuticas lo sabían, y aseguraban su presencia en congresos médicos para que pudiera hablar de sus experiencias prescribiendo fármacos de última generación. Una vez coincidimos en un congreso médico celebrado en la India. Era fácil ver lo atractivo de su posición. Lo invitaban a lujosos eventos a los que también asistían estrellas de Bollywood. Al terminar su presentación, el anfitrión pidió al público una «ovación de pie» para él, después de la cual el experto se retiró en una larga limusina negra. En su charla, recomendó a los médicos locales que prescribieran tratamientos cuyos inconvenientes y elevado costo eran difíciles de justificar. Estos clínicos, creyendo su discurso, o quizá deseando su estatus, recomendarían a sus pacientes –iguales a los del gurú americano, pero mucho más pobres– que cambiaran sus medicamentos por otros más nuevos y mucho más caros. La crueldad de la fama.

De regreso a mi hospital, una de mis pacientes se dio cuenta de que tenía que renovar su prescripción. La renovación debía solicitarse a la farmacia con diez días de antelación, y mi paciente recordó haberlo hecho demasiado pronto, 11 días antes. El sistema no pasó la prueba de la gentileza. «No puedo guardar su solicitud y procesarla después… tiene que volver a llamar mañana.» La paciente olvidó hacerlo. Unas semanas después me explicó por qué no pudo tomarse todos sus medicamentos. «Ahora mi expediente parece estar fuera de control», me dijo. Estrictamente hablando, todos cumplieron con su trabajo. La crueldad de las rutinas. La crueldad de las reglas inflexibles.

Me entero por las noticias de que el departamento de contabilidad de un hospital ha contratado a una agencia para cobrar pagos pendientes. La agencia prioriza las reclamaciones dependiendo de la cantidad adeudada y la capacidad de pago. Los agentes tocan puerta por puerta, amenazando y acosando a familias sin recursos, algunas de ellas todavía superando el advenimiento de una discapacidad permanente o la muerte de un ser querido. Algunas de estas familias ya habían acordado el modo de pago con un representante del hospital. «Nuestros archivos no muestran ese acuerdo, y haremos lo necesario para recuperar lo que se debe.» La crueldad del dinero.

En una sala de reuniones, un gerente general anunció a su directorio que iban a subir en varios miles por ciento el precio de un medicamento genérico que acababan de adquirir. Con el monopolio de este «mercado» firmemente asegurado, había decidido concentrarse en acrecentar las ganancias, para el provecho de los accionistas. En 2016, esta escena se repetía en las noticias sobre pirimetamina, auto-aplicadores de adrenalina, digoxina, naloxona y otras drogas genéricas. La culpa se la repartían la Administración de Comida y Drogas, conocida como FDA por sus siglas en inglés (por hacer cumplir regulaciones que impiden la entrada de genéricos a competir en el mercado), los legisladores (por no regular las ganancias de la industria farmacéutica), los directorios de las empresas (por poner el lucro por encima del bien común), las aseguradoras (por no negociar precios más accesibles, incluyendo Medicare, el seguro público estadounidense que tiene prohibido negociar por ley), y los ejecutivos de las compañías farmacéuticas (por ser capaces de hacer lo que sea por mejorar sus bonos de compensación). Las consecuencias recaen en los pacientes, puesto que el costo de los tratamientos los pone lejos del alcance de las personas que los necesitan, y encarece los cuidados de salud para todos los demás, gracias al aumento en las primas de seguros. La crueldad de la avaricia.

La crueldad parece obligarnos a que, como clínicos, deshumanicemos a los pacientes. A que los consideremos distintos y ajenos a nosotros. A que tratemos su sufrimiento y su dependencia como padecimientos de una subespecie que no tiene nada en común con nosotros. Nada en su nombre, su apariencia o circunstancia puede salvar la distancia que nos separa. Ellos son camas, diagnósticos, números de caso o estadísticas. La expresión en sus ojos, la calidez de sus corazones a pesar de circunstancias imposibles, y esa fotografía que una paciente conserva al lado de su cama, la de su nieta que vive lejos, son gestos desesperados de pacientes que buscan propiciar que un ser humano le ponga atención a otro.

La crueldad es el resultado de normativas y procedimientos que desalientan a todos, incluso a los más gentiles, a notar al paciente. Un ejemplo es la definición estricta de los roles profesionales. Me pagan por hacer este trabajo, y no por preocuparme por las limitaciones de un sistema en el que no soy más que una pieza. Pieza que será reemplazada si no hace lo que debe hacer. Solo cumplo órdenes. Con estas políticas se retiene a profesionales a los que no les importan las consecuencias que sus decisiones tienen en la vida de otras personas y, así, traicionan su profesionalidad.

Las políticas crueles afectan el modo en que se realiza el trabajo. Los calendarios atestados y el elevado número de pacientes obligan a los clínicos, incluso a los más gentiles, a ver a los pacientes como una imagen difusa, sin poder notar nada en particular en ninguno de ellos. Son políticas que crean una gran distancia entre la administración y el piso de hospitalización, entre el recepcionista y los que están en la cabecera de la cama del paciente, entre el que toma decisiones y el solicitante. Una distancia desde la cual no podemos distinguir a Ana de José, o de Susana porque todos son, simplemente, «ellos».

Estas políticas, todas motivadas por las mismas razones industriales, deshumanizan no solamente a los pacientes sino a los que deben dedicarse a servirlos y cuidarlos, incluso a los más gentiles. La deshumanización profesional convierte a los clínicos en trabajadores desechables e intercambiables como una bombilla incandescente. Bombillas que, tal como el sistema cruel comienza a darse cuenta, también pueden quemarse. Y los profesionales quemados manifiestan una carencia fundamental: la incapacidad de responder con empatía frente al sufrimiento humano. La crueldad incita crueldad.

A pesar de todo, en medio de todos estos incidentes de crueldad encontramos que el cuidado sucede, aunque sea accidentalmente. Por ejemplo, la enfermera que se quedó al acabar su turno y le prestó su ordenador personal a un paciente para que pudiera ver la transmisión en directo de la graduación de su nieta. O el farmacéutico que, yendo de regreso a su casa, llevó las medicinas de un niño enfermo que viajaba por Alemania a la oficina principal de la empresa de mensajería, puesto que la última camioneta del día había pasado antes que los medicamentos estuvieran listos. O el cirujano que le llevó al paciente una silla especial que tenía en casa para que le fuera más sencillo bañarse, cinco días después de haberle operado la cadera. Seres humanos reconociéndose los unos a los otros como prójimos, superando el miedo y violando los protocolos para darle espacio al cuidado, dejando de lado la reputación a cambio de un momento de intimidad del que nadie se tiene que enterar.

El antídoto contra la crueldad está en la humanidad de los clínicos que, por un momento, recuerdan por qué estudiaron para ser profesionales de la salud. Está en rechazar la predisposición de la medicina industrial a la crueldad y su capacidad para hacer que materialicemos nuestro infinito potencial para ser crueles con los demás. Está en fomentar políticas que hagan que notarnos los unos a los otros sea fácil. Está en crear el espacio y las oportunidades para que cada uno de nosotros materialice su potencial, igualmente infinito, para interesarnos y cuidar de otros.

La «neumonía» que acaba de ser admitida es la Sra. Seminario. La fotografía en su teléfono es la de su hija Carmen, la mayor. La Sra. Seminario está asustada, respira agitadamente, sola. Sueña con curarse para regresar a su vida diaria y embarcarse en aventuras siempre pospuestas. Está sanando por sus hijos.

El clínico se inclina, sin prisa.

Las amarras se tienden, y los botes se acercan.

Sus ojos firman un contrato con una única cláusula: «Estamos aquí, ahora, exclusivamente por usted y para cuidarla».

El clínico pregunta y obtiene respuestas. Ambos crean las respuestas.

Las embarcaciones se han amarrado juntas. Permiso para abordar.

El toque sin prisa. La paciente es examinada, tranquilizada.

Con la crueldad como posibilidad siempre latente, el cuidado, por un instante, sucede.

Difuso

Me quedé en la puerta de embarque hasta que todos los pasajeros hubieron bajado del avión. Entre la tripulación estaba el capitán del vuelo comercial que nos había llevado, a mí y a otros 128 pasajeros, en el vuelo Delta A319, de Minneapolis a Boston.

La idea de hacerle una pregunta al piloto surgió a raíz de una conversación que tuve con un amigo en el área de mejora de calidad. Como en otras ocasiones, mi amigo utilizó la analogía de la medicina vista como un vuelo comercial. Esta analogía compara el récord de seguridad de las aerolíneas, y los métodos por medio de los cuales lo consiguen, con la supuesta habilidad que la medicina tiene para matar el equivalente a un Jumbo Jet lleno de personas cada día. A la gente le gusta señalar que esta analogía no sirve si consideramos que, a diferencia de lo que ocurre con el doctor y sus pacientes, el piloto sufre las consecuencias del vuelo igual que los pasajeros, particularmente si el avión se estrella. Pero mi colega se refirió a la figura del piloto con un giro inesperado: «Víctor, lo que necesitamos es la experiencia que las aerolíneas fiables ofrecen a sus pasajeros. ¿A ti te importa quién es el piloto cuando te subes a un avión?».

Una pregunta interesante. Mi madre creció entre aviones. Mi abuela materna fue una de las primeras mujeres en Sudamérica en volar en avión. Mi abuelo materno fue piloto de hidroplano con la Fuerza Aérea del Perú y sirvió como agregado militar en

Washington, D.C. durante la Segunda Guerra Mundial. Mi madre pudo, desde una edad temprana, unirse a la tripulación de un avión y volar, en un tiempo en que la calidad y la fiabilidad no estaban ni mucho menos garantizadas al nivel que se ofrece y espera hoy en día. Estas experiencias tempranas la marcaron. Hoy, cuando vuela, no se queda tranquila hasta comprobar que en la cabeza del capitán hay bastante pelo gris. Durante el vuelo escucha el motor y mantiene la persiana de su ventanilla abierta, interrogando a los cielos para predecir o prepararse para turbulencias. Es difícil relajarse al viajar con ella. Ella sabe que el piloto importa, al igual que importan el copiloto, los técnicos que recientemente revisaron el avión y otros profesionales.

Su experiencia es muy distinta de la mía. Yo viajo más de lo que quisiera, y como resultado me encuentro frecuentemente en aviones pilotados por hombres y mujeres que son poco más que una voz en la megafonía. Detallan la altitud del avión, la trayectoria del vuelo, la hora prevista de llegada y el clima en nuestro destino. Nos invitan a sentarnos, relajarnos y disfrutar del vuelo. Mientras yo seguía esperando al final de la pasarela de acceso, el profesional anónimo detrás de la voz estaba a punto de revelarse: iba a conocer al piloto de mi vuelo de Minneapolis a Boston.

El piloto (efectivamente, mamá: alto y canoso) se veía cansado mientras caminaba hacia mí. Mientras la gente descendía, había permanecido de pie fuera de la cabina, agradeciendo a cada uno de los 128 pasajeros que hubieran volado con Delta y deseándoles que tuvieran un buen día. Había compartido algunas risas con varios pasajeros que hicieron bromas y comentarios sin importancia. Después de romper el hielo con algunas palabras, le pregunté: «¿Alguno de los pasajeros llamó su atención?». El piloto aceleró su ritmo y me miró brevemente. «En realidad, no. Al final todos son una imagen difusa.»

Una imagen difusa.

Tuve un vuelo perfectamente seguro, que llegó a salvo y a tiempo, pilotado por sistemas, procedimientos y un piloto con pelo gris para quien los pasajeros se habían vuelto una imagen difusa. Salvo mi madre, nadie se preocupó por saber quién era el piloto. Y el piloto tampoco necesitaba preocuparse por quiénes eran los pasajeros. ¡Y esto, el transporte aéreo, era la analogía que mi colega experto en mejora de calidad estaba usando para avanzar hacia una nueva visión de la medicina!

Un colega mío trabaja como médico en el sistema de salud pública peruano, en el que se espera que vea a más de treinta pacientes en una sola mañana, una cuota imposible. «¿Qué le duele? Déjeme ver. Puede ser su hígado. Tome este tratamiento por ahora, hágase esta prueba, y pida otra cita cuando tenga los resultados. ¡El siguiente!»

Otra colega trabaja en una clínica cardiovascular en Dalian, China. Serpenteando desde el pasillo, la fila de sus pacientes entra en su despacho y llega hasta su mesa. Los pacientes esperan su turno en fila india justo detrás del que está sentado frente a ella. Todos escuchan atentamente la conversación y, a veces, hacen preguntas y participan en la consulta de su desconocido camarada.

La atención médica es así cuando un sistema de salud, desesperado por cubrir enormes necesidades con escasos recursos, invierte poco en la prestación de servicios, fracasa en educar a la gente acerca de cuándo necesita buscar cuidado y se ve empañado por la corrupción y el desinterés tanto por los pacientes como por los clínicos que los atienden. Cuando le pregunté a la cardióloga china sobre sus pacientes, hizo un movimiento con la mano como el que se haría para describir automóviles que pasan rápido en una autopista. Para ella, sus pacientes son una imagen difusa.

Una imagen difusa

Existen circunstancias en las que resulta obvio que atender a los pacientes como si fueran imágenes difusas es prácticamente la única posibilidad. Esto les sucede a mis colegas de Perú o China que trabajan en centros donde hay muy poco personal, o a aquellos que heroicamente sirven a personas hacinadas en campamentos de refugiados, o a las víctimas de accidentes en masa. De hecho, en estos escenarios, concentrarse demasiado en un paciente puede robarle tiempo al médico para el cuidado de los demás. Pero cuando estas condiciones no vienen dadas por la necesidad, sino por la incompetencia, la codicia y la corrupción, cuidar de pacientes difusos puede erosionar el tejido moral y profesional del sistema y de sus profesionales. Bajo estas condiciones, en las cuales algunas personas se benefician a costa de la desesperación de muchas otras, los clínicos pueden volverse insensibles, irritables, cínicos e incapaces de empatía. Estos sentimientos son contagiosos y se extienden hacia arriba infectando toda la jerarquía administrativa. Continuamente y sin pausa, todos dejan de preocuparse por el paciente.

Pero este desenfoque del paciente es el resultado, mutable y adaptable, de decisiones humanas, y no la consecuencia inevitable de leyes naturales. Para ver al paciente en su individualidad, el clínico debe apreciar el contenido y el contexto de su situación y cómo se relacionan estos entre sí. Las cosas dichas, implícitas y gesticuladas deben reconocerse. Las frases inacabadas y los murmullos reprimidos, explorarse. A este paciente, que está aquí y ahora, es a quien el clínico debe percibir claramente. Para tratar a las personas con respeto, los clínicos no deben ver a sus pacientes como imágenes difusas o desenfocadas, sino como a individuos claramente enfocados y en alta definición.

Ver a cada persona en alta definición no significa tener un conocimiento completo de ella. Esto, yo creo, es inalcanzable. No requiere eliminar la ambigüedad o la incertidumbre (que por otro lado son inevitables), sino integrarlas en la atención médica. Para ver a los pacientes en alta definición se requiere mucha información sobre ellos, pero no creo que esta información deba provenir de una medición obsesiva de sus funciones corporales, ni de la evaluación de sus genes, proteínas o bacterias intestinales. Por el contrario, creo que se pueden obtener suficientes detalles simplemente notando lo que está práctica y humanamente disponible.

El paciente como problema

Percibir al paciente previene la ignorancia evitable que plaga las decisiones en la medicina rápida. Cuando no se tiene en cuenta la situación del paciente, estas decisiones apresuradas llevan necesariamente a exámenes y visitas adicionales. Por lo tanto, una forma de reducir la cola de pacientes (al menos el número de visitas innecesarias) y promover visitas enfocadas, o lo que es lo mismo, evitar el desenfoque, es tratar a las personas cuidadosamente la primera vez, siempre. Este modo de reducir la demanda se opondría frontalmente a la tendencia de la medicina industrializada a degradar a los pacientes para convertirlos en lo que Isaiah Berlin llamó una «amalgama [...] sin rasgos propios».

Otra forma de reducir la demanda de atención es hacer que el acceso a los servicios de salud sea tortuoso (a través de una atención telefónica, insufrible e impersonal, que sirve de filtro previo) o inasequible (a través de seguros médicos caros). Consideremos, por ejemplo, el servicio telefónico en atención primaria diseñado para clasificar a los pacientes y derivarlos al lugar correcto, ya sea el consultorio del médico de cabecera, la enfermería, el servicio de urgencias, o algún otro tipo de asistencia. Hay que aguantar la música de espera hasta poder hablar con profesionales que a menudo no están familiarizados con el paciente, aun cuando este lleve mucho tiempo visitándose en el mismo centro. Los pacientes deben responder una serie exhaustiva de preguntas cuyas respuestas ya conoce perfectamente su equipo de atención primaria. Algunos pacientes posponen buscar atención médica para evitar tener que lidiar con este proceso. Otros se dan por vencidos en algún punto de la muy larga llamada y cuelgan. Algunos otros encuentran inadecuada la solución que se les da por teléfono. Para ellos, la herramienta para optimizar la eficiencia de la clínica se convierte en una impenetrable barrera que les impide atención médica.

Las mutuas o seguros médicos privados también pueden reducir la demanda. En ocasiones pueden empujar a los pacientes hacia servicios médicos innecesariamente más caros, lo que resulta un problema cuando la atención médica tiene poco valor para el intermediario pero es necesaria y deseable para los pacientes. De esta manera, los impedimentos para obtener tratamiento son soluciones poco elegantes, siempre al servicio de metas industriales basadas en la innoble e irrespetuosa noción de que el paciente es el problema.

El médico te prestará atención ahora

Otra forma de reducir la demanda de atención médica es «crear» menos pacientes. La pobreza, la injusticia, la disparidad de ingresos, la violencia (incluyendo eventos adversos de la infancia, como el abuso físico o psicológico) y la alienación contribuyen al estrés crónico, la capacidad limitada para adoptar estilos de vida saludables y al acceso deficiente a la atención preventiva. En conjunto, estas situaciones aumentan el número de personas, especialmente entre los desfavorecidos, que van a vivir con enfermedades crónicas como obesidad, diabetes, tensión arterial alta, dolor crónico y depresión. Cambiar la ecología desfavorable de la desventaja a través del proceso político es un gran desafío para la humanidad y también una forma justa de reducir el número de pacientes y la demanda de atención médica.

Del mismo modo, entrenar a las personas –a medida que se convierten en pacientes crónicos– para ejercer autocuidado de manera efectiva puede reducir su necesidad de visitas médicas. El autocuidado puede promover la salud, siempre que la salud sea entendida como la capacidad de adaptarse y resolver uno mismo las dificultades y de prosperar. Depender de los médicos no concuerda con esta visión de la medicina, y es por ello que fomentar cierta distancia entre los médicos y los pacientes puede ser necesario y hasta deseable. Pero esa distancia no debe ser el resultado de decisiones o políticas administrativas, sino de haber comprendido la situación individual del paciente, el médico debe decidir junto con él qué distancia es pertinente y apoyarlo en el ejercicio de su autocuidado.

Hay modelos alternativos de atención médica que también pueden reducir la demanda de citas individuales. Por ejemplo, los médicos pueden usar la telemedicina, utilizando las tecnologías de la información y telecomunicaciones para atender a los pacientes que no pueden salir de casa y a los que viven lejos del centro de salud. Los médicos también pueden atender pacientes en grupos pequeños, consultas sin prisas en las cuales los pacientes se benefician de la experiencia y el apoyo de quienes se encuentran en su misma situación.

Cuando los pacientes necesitan citas individuales, los servicios de salud tienen la obligación de responder con gentileza. Los pacientes que van al consultorio en persona deben captar toda la atención del médico. Para ver al paciente en alta definición, el profesional multitarea debe desviar su atención del ordenador e ignorar su demanda para que registre más datos. Las nuevas tecnologías, por ejemplo los transcriptores de texto o la recopilación de datos mediante sensores, podrían servir para poner en segundo plano los procesos industriales, como la documentación y la facturación. Esto permitiría que los procesos humanos pasaran al primer plano, lo que facilitaría que los clínicos pudieran apreciar a cada paciente y desarrollar una interacción productiva con él. La tecnología y las tareas administrativas no están al servicio del aparato industrial, sino al servicio del cuidado del paciente. Hay mucho que aprender sobre cómo conseguir que los encuentros con los pacientes sean útiles y valiosos, con una duración razonable, y en el contexto de relaciones terapéuticas duraderas.

Para que sea posible cuidar de los pacientes y sus vidas, debemos rebelarnos contra la perversa trampa de la medicina industrializada, la ilusión de que el «quién» es irrelevante, intercambiable. Cada visita cuidadosa, una canción de protesta contra esta trampa; cada encuentro en alta definición, un acto de rebeldía.

Codicia

Para entender la misión de la medicina debemos inferirla de sus acciones. ¿Qué trata de hacer? ¿En qué objetivos invierte sus recursos? ¿Cómo define el éxito? Hospitales y clínicas anuncian su informe trimestral de desempeño financiero y celebran su expansión en el mercado. Estas compañías de salud gestionan cuidadosamente su puesto en los rankings publicados por revistas especializadas, manipulan la calificación que sus pacientes les dan por internet y optimizan el *rating* de «valor» que les conceden sus pagadores. Los logros a corto plazo de sus actividades industriales y financieras producen bonificaciones para sus ejecutivos. La mejora de los resultados de la atención al paciente –una evaluación que requeriría levantar la mirada al largo plazo–, no. Cuando miran al largo plazo, lo hacen para evaluar las oportunidades del mercado y hacia dónde se dirigen sus competidores. La medicina ha cambiado su enfoque, alejándose de la atención al paciente y centrándose en lograr objetivos industriales y financieros.

La industria de la salud se centra en el dinero. Los gerentes a menudo usan esta frase para justificarse: *Sin dinero, no hay misión.* Si bien se podría entender esta idea en empresas de salud con fines de lucro, tal es también el comportamiento habitual de muchas corporaciones de atención médica sin fines de lucro. Centrarse en el dinero, la codicia, aleja a la industria de la salud de la atención al paciente. Para poder lidiar con la codicia y progresar en el cuidado del paciente, debemos descubrir la antítesis de la codicia y luchar por ella.

En 1883, un devastador tornado reveló cuán limitados eran los recursos disponibles en Rochester, Minnesota, para ayudar a los damnificados. Las Hermanas de San Francisco respondieron a esta necesidad tomando la decisión de construir un hospital. Cuando intentaron reclutar al doctor William W. Mayo para unirse a sus esfuerzos, él exigió que, antes que nada, se recaudara dinero suficiente para construir las instalaciones. *Sin dinero, no hay misión.* Con la atención al paciente como su máxima prioridad, las monjas recaudaron el dinero y abrieron el Hospital Saint Marys. Durante las siguientes décadas, el doctor Mayo y sus dos hijos revolucionaron las prácticas de la medicina y la cirugía. La Clínica Mayo había nacido: el dinero solamente se usó como medio para lograr un noble fin.

Las empresas de salud deben mostrar disciplina empresarial, garantizando que tienen los recursos suficientes para ser sostenibles e innovadoras. De esta manera, pueden continuar con su misión y responder a las necesidades cambiantes de aquellos a quienes sirven. La disciplina empresarial es esencial: *Sin dinero, no hay misión.* Sin embargo, esta frase tiene un significado diferente y nocivo en la medicina industrializada: el dinero se ha convertido en la razón de ser de la industria, de tal manera que la atención al paciente solo se da cuando tiene sentido económico. El dinero ha pasado de ser un recurso para el cuidado del paciente a convertirse en la razón de ser de la atención médica.

Más allá del *Sin dinero, no hay misión,* el lenguaje de la industria de la salud pone de manifiesto la corrupción de su misión. La «tasa de pérdida médica» es la proporción de sus ingresos «perdidos» al pagar por prestar atención médica. El «riesgo» es la fracción de ese reembolso que gastan en atender a sus pacientes. Como la mayoría de los seres humanos, los ejecutivos de las compañías de salud están programados para evitar pérdidas y reducir riesgos. Este lenguaje refleja la necesidad de evitar y reducir al máximo la atención al paciente para ganar más dinero: menos misión, más dinero.

Algunas innovaciones evitan el cuidado o facilitan el acceso a un nivel de atención supuestamente apropiado, a la vez que promueven la eficiencia y disminuyen los costos para los pagadores. Por ejemplo, la consulta «sin visita», proporcionada a través de llamadas telefónicas con enfermeras que no conocen al paciente; el «autocuidado», que incluye automonitorizarse y la autogestión, así como la «prestación de servicios» por parte de trabajadores de salud comunitarios mal pagados que a menudo carecen de la formación y el apoyo necesarios. Estas estrategias fomentan la misión, al tiempo que ahorran o producen dinero. El dinero ahorrado se usa para pagar cirugías robóticas e instalaciones de radiación de haz de protones; tecnologías que contribuyen a reclutar y conservar a los médicos, así como a alimentar el ego de estos nuevos médicos empresarios, a menudo complacidos de fotografiarse junto a su última adquisición. Estos, a su vez, participan en actividades comerciales para mejorar la situación de la empresa en el mercado y derrotar a la competencia y , ahora mismo, están mejor pagados que quienes atienden las consultas de atención primaria. Donde hay más dinero, las compañías de salud encuentran más misiones.

La mayoría de las personas con enfermedades crónicas poco glamurosas, con afecciones que causan dolor, insomnio, o con alguna discapacidad sin explicación médica o corrección quirúrgica, terminarán en el contenedor de *Sin dinero, no hay misión.* El cuidado de estos pacientes atasca los procesos y distrae a las empresas médicas de sus misiones más rentables. En la industria de la salud algunos pacientes –los que atraen más dinero– merecen más atención que otros.

En su afán por conseguir ganancias financieras a corto plazo, la industria de la salud se ha corrompido y se ha alejado de su misión. Ha dejado de interesarse por el paciente. Los expertos pueden dar miles de explicaciones para esta situación. Sin embargo, para solucionarla debemos entender lo que la alimenta: la codicia.

Atrapados entre la seducción y la frustración

Al final de mi formación como médico, me asignaron unas prácticas de tres meses en el hospital de un campamento minero en los Andes peruanos. El hospital del campamento tenía muchos recursos y estaba bien administrado. Sus pacientes eran los mineros, el personal administrativo y sus familias. La atención médica era parte del plan de prestaciones que recibían los mineros, y algunos la usaban en exceso.

A mis compañeros y a mí –un grupo de internos jóvenes e inexpertos– esta sobredemanda de servicios nos pilló desprevenidos. Reaccionamos de manera rigurosamente académica, dejando de prescribir inyecciones de esteroides para tratar resfriados comunes, una práctica que había comenzado unos años atrás. Quien tuviera esa idea mostró una terrible indiferencia por sus efectos secundarios: la supresión del sistema inmunológico y el empeoramiento de la diabetes, por mencionar solo dos, al tiempo que alimentó la creencia popular de que los medicamentos inyectables son más potentes.

Estas inyecciones eran extraordinarias: con un solo pinchazo la gente salía del servicio de urgencias sintiendo que había sido atendida, un sueño para cualquier interno cansado. Pero no para los internos de la Universidad Peruana Cayetano Heredia, ¡los sabios salvadores de Lima! Los pacientes, «educados» por sus visitas previas a urgencias exigiendo más de lo que necesitaban, se quejaron de que les habíamos quitado las inyecciones. Los dirigentes sindicales interpretaron nuestra justificada disciplina terapéutica –paracetamol y mucha agua– como la manifestación de una nueva política de la compañía. Amenazaron a una de las minas de cobre más grandes del mundo con una huelga si se reducían sus prestaciones sanitarias. Luego de calmarse las cosas, nosotros, los internos, habíamos sido responsables de un aumento temporal en el precio mundial del cobre.

Al igual que sucedió en los Andes, los pacientes pueden responder a los mensajes sobre salud aumentando la demanda de atención médica, mientras que otras partes del sistema esperan que los pacientes se comporten frugalmente. Por ejemplo, a menudo se comercializan pruebas de detección lucrativas e imprecisas sin valor para el paciente. Los resultados de estas pruebas requieren atención médica adicional, que, a menudo, es de por vida. Es el caso del joven ansioso que acudió al médico por un dolor en el pecho y se le recomendó un *stent* coronario «para no correr riesgos» en relación a una obstrucción «quizás de riesgo» vista en una coronariografía «definitiva», que se había realizado «por si acaso» después de una prueba de esfuerzo sin anormalidades. Esta desprevenida víctima (los *stents* coronarios no ayudan a las personas sin angina de pecho y no evitan que tengan o mueran de ataques cardíacos) seguirá recibiendo agradecida la atención de un cardiólogo y tomará medicamentos anticoagulantes y para reducir el colesterol durante años. Una persona sana que se convirtió en un paciente de por vida y en un cliente que paga. «Me salvaron la vida», dirá el paciente, reforzando la campaña promocional por el boca a boca.

La publicidad anuncia las últimas e irresistibles innovaciones. Sin embargo, esos anuncios no presentan argumentos basados en la evidencia científica; pocos o ningún anuncio de medicamentos o dispositivos dirigidos a los consumidores hablan del impacto de tales innovaciones en términos que las personas puedan comprender y comparar con otras alternativas. El impacto de estas innovaciones en resultados que son importantes para los pacientes nunca se discute. ¿Me ayudará esto a evitar la muerte prematura, mitigar mi sufrimiento o preservar o recuperar mis funciones normales? Por el contrario, el anuncio muestra personas que corren milagrosamente por campos verdes, celebrando una felicidad saludable pero poco realista. El narrador invita al cliente: «Pregúntele a su médico por...». Esta «experiencia» es el argumento de venta de la prueba o el tratamiento, como si fuera un desodorante o una aspiradora. La industria de la salud sostiene que la publicidad directa al consumidor educa al público, cuando en realidad promete bondades exageradas apelando, sin ninguna vergüenza, a la credulidad de usuarios mal informados, y jugando con sus temores y esperanzas.

De esta y otras formas, la industria de la salud crea necesidades en los pacientes, y luego les ofrece soluciones para satisfacer esas necesidades que ella misma les ha creado. Estos actores industriales satisfacen su codicia promoviendo el máximo gasto en salud. Sin embargo, hay otros actores, como las aseguradoras y otros pagadores, que satisfacen su codicia promoviendo el mínimo gasto posible. El paciente queda atrapado entre ambos: seducido por el primero, frustrado por el segundo.

Los pagadores exigen discreción por parte de los consumidores. Piden a los pacientes que comparen precios, busquen alternativas y encuentren la mejor opción. En vez de reconocer lo difícil que es actuar como un consumidor informado en el bazar de la salud, los pagadores asumen que los pacientes son irresponsables y les exigen pagos por adelantado para asegurarse de que «se jueguen el pellejo». Los deducibles altos, las primas altas y los copagos altos actúan como muros que mantienen a los pacientes –al enemigo, al riesgo, a la pérdida– lejos. Este es el caso cuando los copagos que salen del bolsillo del paciente compiten, y a menudo pierden, con el alquiler, la comida, la seguridad, la educación o el ocio. Estos muros económicos actúan como barreras indiscriminadas que los pacientes deben superar para conseguir la atención médica que necesitan. El esfuerzo que los pacientes deben hacer para superar o romper estas barreras compite con el esfuerzo necesario para llevar a cabo las también necesarias rutinas de autocuidado. Aquellos pacientes que no tienen más remedio que posponer o suspender la atención médica, o dejar de tomar los medicamentos recetados, no reciben ayuda para minimizar el incordio del tratamiento. En vez de eso, son etiquetados como «no cumplidores».

Los pagadores, como administradores de recursos limitados, pueden justificar estas prácticas que buscan reducir el uso de intervenciones de poco valor para los pacientes. Sin embargo, los médicos seguirán prescribiéndolas y los pacientes adinerados seguirán accediendo a estos servicios; esto sugiere a los que han sido excluidos que este cuidado es realmente valioso y deseable, como lo son los zapatos de moda y los coches deportivos. No poder pagar por la atención que uno cree que necesita, o recibirla solo hasta ya no poder pagarla, genera sufrimiento. El paciente también sufre cuando hace sacrificios para recibir tratamientos innecesarios que le dijeron que requería, o cuando se le niegan tratamientos, necesarios o no, que otros sí reciben. Contrariamente a su razón de ser, la medicina industrializada alivia a la vez que causa sufrimiento. Por estos senderos de confusión, contradicción y agresión, por las sombras de la vida, deambulan los enfermos. La única luz que rompe intermitentemente la oscuridad proviene de un letrero parpadeante de neón, a veces encendido, a veces apagado, que anuncia «Cuanta más atención médica, mejor».

Pagarle al doctor con un «cuy»

Deberíamos poder confiar en la capacidad de los clínicos para proteger a sus pacientes de ser tratados y manipulados como simples consumidores. El término *clínico* describe a cualquier persona que tiene el privilegio de estar al lado (de la cama) del enfermo. Desde esa posición privilegiada, los clínicos pueden ofrecer atención compasiva y competente, por la cual las comunidades siempre los han recompensado. La hija de uno de los gerentes estaba visitando el campamento minero en el que yo trabajaba como interno, cuando comenzó su trabajo de parto. Al día siguiente a mediodía, su padre –ahora el agradecido abuelo de un bebé sano– había preparado una larga mesa con la delicia culinaria de la zona: el cuy chactado. Ah, y mucha cerveza. Él insistió, con éxito, para que el médico (en formación) se quedara a disfrutar del fruto de su trabajo, mientras que el abuelo primerizo disfrutaba del de su hija. La cerveza y la gratitud fluyeron.

En los últimos sesenta años ha habido una evolución en la forma en que se retribuye a los médicos en Estados Unidos. Algunos especialistas obtienen ingresos exorbitantes. Los beneficiarios de estas ganancias imprevistas ofrecen una lista de justificaciones para su riqueza: los largos años de formación sin sueldo, las considerables deudas que tienen al graduarse, el riesgo de litigios, el costo del seguro por mala praxis y su capacidad de atraer grandes sumas de dinero a las arcas de las clínicas y los hospitales en los que trabajan, gracias a que realizan intervenciones complejas. Muchos de estos lograron su reputación superando el número de intervenciones que llevaban a cabo sus colegas de especialidad, volviéndose de este modo exorbitantemente ricos.

No todos los clínicos, sin embargo, siguen el camino del beneficio individual y la riqueza. Hace más de ciento cincuenta años, los médicos se reunieron para fundar clínicas de especialidades múltiples. En estas clínicas, los médicos eran compensados con salarios. Todos ganaban el mismo dinero, independientemente de la cantidad de intervenciones que realizaran o de las consultas que atendieran: no había sobornos ni bonificaciones. Sin incentivos de lucro, los pacientes podían confiar en que las recomendaciones de los médicos para someterlos a pruebas o tratamientos eran sinceras.

Condicionar una parte de la remuneración del médico al número de pacientes atendidos o de intervenciones llevadas a cabo, a la «calidad de la atención» brindada o a los recursos gastados en la atención al paciente introduce sesgos en contra de la atención cuidadosa y gentil. Aunque la intención sea asegurar la productividad de los clínicos, que los ingresos dependan del volumen de trabajo puede convertir a cada paciente en una oportunidad económica: la persona se vuelve una imagen difusa, anónima y rentable. En parte, esto explica por qué hay más cirugías donde hay más cirujanos, en comparación con áreas adyacentes con necesidades similares pero con menos cirujanos. Por eso, cuando un nuevo cirujano ginecológico llega a una ciudad, se espera que haya más histerectomías, más allá de la necesidad o el deseo de las pacientes. De hecho, en un sistema de pago por volumen, ¡esta puede ser la razón primordial por la cual el hospital contrató al cirujano! Los investigadores lo describen como una situación en la que la mera oferta de un servicio induce a la demanda de este.

Vincular directamente las ganancias a la complejidad o exhaustividad de la historia clínica concentra la atención del clínico en la documentación. Ayudados por historias clínicas electrónicas optimizadas para mejorar la compensación financiera, los médicos producen montones de notas. Cuantas más notas, más dinero. Aunque extensas, estas historias comunican pobremente lo que está sucediendo al propio clínico, a otros clínicos, y al paciente. Como una emisora de radio mal sintonizada, estos documentos transmiten mucho ruido y poca señal. Estos registros están llenos de notas compuestas por frases preprogramadas sobre órganos que se suponen normales, pero que nunca fueron examinados. «Cortar y pegar» textos eficientemente agrega detalles a las notas, pero lo hace introduciendo errores que adjudican próstatas saludables a mujeres y exámenes vaginales que los hombres prefieren postergar. En estos registros, el paciente está descrito por completo, pero sigue siendo un fantasma, una imagen difusa cubierta de detalles confusos y sin importancia. Cuando se les saca todo el provecho posible, estos registros imperfectos contribuyen significativamente a las funciones estadísticas de la medicina, incluidas la investigación y la mejora de la calidad. Y, en medio del ruido, a menudo se pueden encontrar notas que dicen algo significativo: mensajes en una botella que flota en un mar de información.

Garabateadas antes de la era digital, algunas historias antiguas son ahora inútiles. Muchas no se pueden leer, pero uno no necesita una hora para determinar su escaso valor. Otras ofrecen ingeniosos y bellos trabajos de síntesis, en los cuales los médicos reportaron percepciones que consideraron relevantes para su próxima visita con ese paciente, o para la próxima visita del paciente con otro colega. «El paciente está mejorando. Preocupado por su regreso al trabajo. La incisión está cicatrizando sin signos de infección. Se le dará de alta en aproximadamente una semana si no hay complicaciones.» Una nota moderna, más completa para poder «respaldar» un mejor reembolso, necesitaría dos páginas para decir más, y es posible que a pesar de su extensión en realidad no diga gran cosa. La documentación roba atención que debería estar enfocada en el paciente y toma mucho tiempo de la consulta, la mitad según algunas estimaciones, lo que contribuye a la insatisfacción del paciente y del clínico que lo atiende. ¿Por qué, entonces, las compañías de atención de la salud pagan cifras astronómicas por historias clínicas electrónicas y contratan escribas para que se ocupen de estos registros tan poco útiles? Según sus folletos de ventas, las compañías de salud que invierten miles de millones en las mejores historias clínicas electrónicas pueden demostrar un mejor desempeño financiero. La respuesta es el dinero.

Otras políticas tienen a los clínicos «compartiendo riesgo». En estos esquemas, los médicos ganan más dinero cuando realizan menos exámenes o menos interconsultas a otros médicos. Esto los enfrenta directamente con los pacientes que han venido con su folleto de «pregúntele a su médico por...» o que solicitan ser derivados a un especialista.

Ahora lo atenderá el robot

Algunas organizaciones de salud, muchas de las cuales son –nominalmente– sin fines de lucro, compiten contra otras compañías por una mayor participación en el mercado. Están dispuestas a invertir en tratamientos altamente rentables y a alentar a sus pacientes a que los exijan, al tiempo que limitan la oferta y restringen la demanda de pruebas y tratamientos que generan menos ingresos. En esta batalla, los competidores colocan carteles publicitarios y anuncios televisivos para que la gente demande sus últimas adquisiciones tecnológicas, o para alentarla a operarse con su nuevo cirujano estrella, un robot quirúrgico. Todo esto alimenta la creencia generalizada de que la atención medica es mejor cuanto más sofisticada y más avanzada tecnológicamente sea. Sin embargo, muchos de estos avances son ofrecidos a los pacientes antes de que haya prueba fehaciente de su utilidad.

Tomemos como ejemplo la cirugía robótica, que actualmente es como se realizan la mayoría de las histerectomías en Estados Unidos. Los cirujanos que extraen el útero, generalmente debido a masas benignas o sangrado, han sido entrenados tradicionalmente para hacerlo a través de la vagina. Esta operación no deja una cicatriz visible, tiene menos complicaciones y la recuperación es más rápida que con la cirugía robótica. Esta operación de bajo costo parecería mejor que la realizada con un robot, un procedimiento que deja cinco cicatrices visibles, y que es más complicada y cara. Sin embargo, la modalidad más común en Estados Unidos es la histerectomía asistida por robot. Los cursos de cirugía ahora enseñan a los cirujanos jóvenes a operar utilizando el robot. Buscando la comodidad de utilizar el mismo equipo de última generación con el que comenzaron a aprender su arte, los cirujanos recién capacitados exigen como condición para aceptar un puesto de trabajo que el hospital compre un robot. Las pacientes de ese hospital celebrarán ambas cosas: la adquisición del nuevo equipo y la contratación de un nuevo cirujano. Ellas nunca sabrán, sin embargo, cuántas de las 80 operaciones que el cirujano necesita para lograr ser completamente competente en el procedimiento con el robot aún no ha realizado. Estas pacientes experimentarán complicaciones evitables a medida que el cirujano supera esa curva de aprendizaje. Tampoco serán conscientes de la necesidad de más operaciones para cubrir el costo de comprar y mantener el robot. Estos factores actúan como un incentivo poderoso para encontrar razones para operar en situaciones en las cuales un tratamiento médico o una espera cautelosa podrían haber sido suficientes. El robot consume dinero; el robot produce dinero. La paciente entrega su dinero, su tiempo, su salud... y su útero.

Y el dinero sigue fluyendo corriente arriba, hacia los inversionistas y los ejecutivos. Muchos hospitales comenzaron como organizaciones benéficas y algunos todavía se consideran sin fines de lucro, pero hoy en día casi todos funcionan como empresas. Algunas son grandes corporaciones propiedad de inversionistas, con personal ejecutivo enfocado en repartir dividendos entre sus accionistas. Otras son organizaciones sin ánimo de lucro que dedican una proporción cada vez mayor de sus ingresos a cubrir el costo de administrar la organización, en lugar de usar ese dinero para fomentar y mantener su misión. Sus ejecutivos deben generar ganancias suficientes, no solo para mantener la organización y poder cubrir el costo de sus innovaciones, sino también para cubrir sus propias compensaciones, cada vez más desmesuradas.

La razón que habitualmente se da para justificar las remuneraciones astronómicas de los ejecutivos es que las organizaciones sin ánimo de lucro deben competir con las empresas privadas. Para reclutar al mejor, deben estar dispuestas a pagar por el mejor. Este argumento se usa incluso en organizaciones con una larga tradición de seleccionar a sus líderes de entre la gente de la misma compañía. Que estos ejecutivos obtengan bonificaciones por cumplir con los objetivos financieros a corto plazo, en lugar de por mejorar la atención de salud y sus resultados, desconecta las decisiones empresariales del cuidado del paciente y degrada la misión. Cuanto más dinero, más dinero; sin dinero, no hay dinero. Que perciban bonificaciones incluso cuando los pacientes han tenido que sufrir las consecuencias de una administración incompetente, es escandaloso. Cuanto más dinero, menos misión.

Habitualmente, se le atribuyen poderes mágicos a la competencia, incluidas la mejora en la experiencia del servicio y precios más bajos. Por muchas razones, este no suele ser el caso en medicina. Más bien, los competidores encontrarán razones para presionar a los pacientes con vistas a que usen sus servicios para cumplir sus objetivos financieros. Cuando las organizaciones en una comunidad compiten por los pacientes, terminan ofreciendo servicios frívolos que probablemente no sirven, pero que son rentables. Es difícil ser el mejor en «ofrecer lo correcto» cuando tu competidor ofrece «más» y tus inversionistas exigen mejores rendimientos. Esto puede decirse tanto de las empresas o instituciones dedicadas a la salud, que ofrecen servicios médicos, como de los seguros u otros intermediarios. Alimentada por la codicia, la atención médica representa una fracción cada vez mayor de la economía, y crece a mayor ritmo en Estados Unidos que en los países donde la atención sin ánimo de lucro, financiada por impuestos, es la norma. Que la primera deje a millones de personas sin asistencia, consuma más recursos y produzca peores resultados de salud que la segunda, pone de manifiesto sus limitaciones y la hace incluso peor que la disyuntiva que nos lanza el asaltante: la bolsa *y* la vida.

Aquí puede ayudarnos la analogía del árbol de Dawkins. En la naturaleza, la competencia ha hecho que algunos árboles crezcan más alto, en su esfuerzo por alcanzar la luz del sol. Obtener más sol significa más energía, que a su vez se gasta en el esfuerzo por alcanzar mayor altura. En la base, algunas plantas que no pueden crecer languidecen en la sombra y mueren. Otros árboles compiten por la luz del sol. Si los árboles pudieran ponerse de acuerdo y crecer hasta cierta altura, una en la que todos pudieran obtener suficiente sol, podrían ahorrar energía y necesitarían menos. Pero los árboles no han desarrollado lenguaje, civilización, comunidades ni sentido de la justicia. Necesitamos empresas de salud que se comporten mejor de lo que lo hacen los árboles.

Lo que el mercado puede tolerar

El dinero no proviene directamente de los bolsillos de la persona que sufre porque, casi siempre, paga alguien más. Esa «otra persona» resulta ser todos nosotros, ya sea pagando primas de seguro cada vez más elevadas o mediante proporciones cada vez más altas del presupuesto público. Esto hace que el vínculo entre el sufrimiento humano y los precios exorbitantes de los medicamentos y los dispositivos sea indirecto e invisible.

Los «visionarios» líderes de compañías dedicadas a la producción de medicamentos buscan cumplir con las expectativas de sus accionistas estableciendo precios muy altos para sus medicamentos. Cobran estos precios incluso por fármacos que han superado ya el más que generoso período de protección de la patente, mucho después de pagar el costo de su desarrollo y de haber generado grandes ganancias. ¿Su justificación? El mercado –no el de la «mano invisible», sino el sistema creado por aseguradores, intermediarios, entes reguladores y *lobbies*– está dispuesto a pagar esos precios.

Algunos medicamentos que posiblemente curen la hepatitis C se venden a 1.000 dólares por tableta. ¿La justificación? Que el mercado puede pagar ese precio. Argumentan que este precio coincide con el costo de atención de la enfermedad hepática en etapa terminal y con el trasplante de hígado –que ahora se evita en la fracción de pacientes que, de cualquier modo, hubiera deteriorado hasta esa fase–. Hay que pagar de acuerdo con el valor de cada medicamento, nos dicen. Debemos pagar menos por una droga inútil, y más por un medicamento efectivo. Según estos razonamientos deberíamos estar dispuestos a pagar los precios más altos por un medicamento capaz de salvar vidas. Pensemos en antibióticos, sueros antiveneno, soluciones de rehidratación u oxígeno. Estos pueden salvar vidas en situaciones extremas. Cobrar precios exorbitantes por ellos obligaría a tomar una decisión: el dinero o la vida. Lo que un individuo o una familia deban pagar para acceder a tratamientos que salvan vidas, la cuantía del rescate, no debería determinar su precio. Eso no es medicina, sino extorsión.

Las corporaciones farmacéuticas y de dispositivos médicos también supervisan la evaluación de sus propios productos innovadores y pagan las tarifas de los reguladores para que estos sean aprobados. Cuando hay grandes ganancias en juego y el volumen de esos beneficios depende de vencer a la competencia, todo vale. Esto explica por qué estas corporaciones prefieren pagar multas elevadas en vez de evitar realizar actividades fraudulentas en favor de sus productos. Estas multinacionales usan los resultados de sus propios estudios de investigación en sus campañas de *marketing* para mejorar el posicionamiento de su producto en el mercado. No es de extrañar entonces que estas investigaciones, que deberían guiar a los clínicos y temperar las expectativas de los usuarios, estén corrompidas casi siempre a favor del producto del patrocinador.

Pago por desempeño

Los grandes empleadores contratan, con empresas prestadoras de servicios de salud, seguros de salud privados y otros negocios con el fin de comprar atención médica para sus empleados y beneficiarios. Para que su dinero compre más, han optado por un modelo centrado en optimizar el valor, restringiendo el uso de los recursos necesarios para conseguir la mejor calidad, seguridad, resultados y experiencias posibles. La evaluación de los resultados de la atención médica está todavía en pañales, ya que los marcadores de calidad tradicionales, aunque fáciles de usar, guardan poca relación con la calidad de la atención que los pacientes reciben. Algunos resultados, como la calidad de vida, son difíciles de mejorar; otros, como la proporción de pacientes con diabetes con un control óptimo de su azúcar en la sangre, se pueden mejorar fácilmente excluyendo, rechazando o seleccionando pacientes.

Sin embargo, la forma más fácil de mejorar el valor para un pagador (el servicio brindado por cada dólar pagado) es ofrecerle ese mismo servicio por menos precio. En un caso extremo, esto lleva a que la compañía de salud ajuste su «cartera de pagadores» (para reducir el acceso de pacientes cuya atención es reembolsada por un pagador tacaño), o brinde un servicio distinto, dependiendo de quién pague. Algunos pacientes experimentan menos «cariño» por parte de sus compañías de salud cuando cumplen 65 años y quedan cubiertos por Medicare, un plan de reembolso diseñado para ser tacaño. Como hemos mencionado antes, hay innovaciones, como la consulta «sin visita» por ejemplo, que buscan evitar que estos pacientes reciban cuidado, especialmente si es costoso.

La antítesis de la codicia

Mientras la medicina limite su misión al ahorro de dinero, permitirá que el desperdicio y el lucro roben recursos del cuidado del paciente. La atención médica no debe desperdiciar el talento y los escasos recursos que los enfermos necesitan con urgencia. Una regulación más inteligente, la tecnología apropiada y las mejoras en la calidad de la atención pueden reducir el desperdicio. Lo ahorrado debe ser utilizado para mejorar el cuidado médico. La codicia no puede ni debe tomar estos ahorros del sistema para recompensar a algunos actores, cuando el sistema necesita brindar atención médica efectiva, basada en la evidencia, eficiente, segura, oportuna, equitativa y, sobre todo, centrada en el paciente. En vez de permitir que estos ahorros sean ganancias que algunos se llevan a casa, estos recursos se deberían reinvertir para garantizar atención de alta calidad y pagar por las innovaciones que satisfagan las necesidades siempre cambiantes de los pacientes. Debemos confrontar la injusticia de que algunas personas no reciban atención médica debido a la codicia. Debemos encontrar la antítesis de la codicia.

Quizá la antítesis de la codicia sea la moderación. Los pacientes y sus familias deben entender que no siempre es mejor recibir más atención médica. El cuidado médico insuficiente es peligroso, pero también lo es el excesivo. Es necesaria una atención médica que se ajuste a las necesidades particulares de cada paciente. Esto requiere juicio, observar la situación de cada paciente en alta definición y seleccionar juiciosamente el cuidado que necesita y desea, ni más ni menos. Las compañías y corporaciones de salud deben reconocer hasta qué punto sus prácticas buscan limitar el acceso del paciente a cuidados médicos en función de la capacidad de pago, ya sea propia o de su seguro. Y luego deben cambiar estas prácticas. Las empresas de salud no deben excluir a las personas que no puedan superar sus obstáculos, simplemente porque están demasiado enfermas. No deben buscar hacer dinero a costa de su misión.

Alternativamente, las empresas de salud podrían buscar beneficios hasta cierto punto. Buscar ganancias, aunque no en demasía y priorizando siempre la misión. Misión primero, por dinero, pero no por mucho dinero. Los clínicos podrían buscar salarios satisfactorios, suficientes para evitar buscar suplementos fuera de la medicina, o bonificaciones relacionadas con el volumen o la calidad del servicio. Esto requeriría reducir la carga económica del seguro por mala praxis y eliminar los préstamos usureros a los estudiantes. A su vez, estos salarios deberían diferir poco entre una especialidad y otra, para asegurarse de que las personas correctas estén en los puestos correctos por los motivos correctos.

Las compañías de salud concentrarían sus recursos en el cuidado del paciente. El *marketing* y la carrera tecnológica contra otros hospitales serían reemplazados por una acción coordinada entre sí y con la comunidad para satisfacer sus necesidades reales. En Hamilton, Ontario, los hospitales no compiten entre sí. En vez de ello, ofrecen atención médica de modo tal que la oferta general es completa, sin malgastar dinero en la creación, mantenimiento y publicidad de servicios duplicados, redundantes y que compiten entre sí. Todas las organizaciones de atención médica deberían reinvertir sus ingresos en la atención al paciente (por ejemplo, para ampliar el tiempo que pacientes y médicos pueden pasar juntos), incluida la capacitación de los profesionales y el financiamiento de la investigación científica. Los administradores que decidiesen desarrollar su carrera profesional en el área de la salud esperarían bienestar económico, pero sin salarios ni bonificaciones exorbitantes.

Esto también debería afectar a la producción y comercialización de medicamentos y dispositivos por parte de multinacionales empeñadas en lograr ganancias moderadas. La gente tiene interés en que un medicamento o dispositivo que puede salvar vidas o afectar profundamente la calidad de vida esté ampliamente disponible y sea asequible. Esto debería reflejarse en la regulación (protección de patentes) y la contratación (precios y compras garantizadas). Además, es posible que los pagadores deban pagar más por un medicamento o dispositivo que ofrezca ventajas marginales, como una dosificación más conveniente.

Curas, antibióticos, vacunas, soluciones de rehidratación, sueros antiveneno y otros medicamentos esenciales estarían disponibles de forma gratuita para el usuario final. Los encargados de la producción y distribución podrían obtener, a lo sumo, un beneficio moderado, suficiente para garantizar su producción y distribución sostenibles. Los intermediarios, incluso si obtienen ganancias mínimas, contribuyen a elevar el costo para el usuario final. Por lo tanto, se debería hacer todo lo posible para eliminar a estos chupópteros que se encuentran entre productores y compradores.

Algunas personas creen que el único motivo por el cual la medicina avanza es el dinero: que la competencia y el lucro estimulan la innovación. Creen que el dinero motiva a gente brillante a dedicarse a la ciencia básica para descubrir curas; que es lo que hace que la gente estudie medicina, enfermería, terapia o farmacia; que es lo que mantiene a los clínicos despiertos en sus guardias nocturnas o lo que los motiva a subirse a un helicóptero durante una tormenta para ir a buscar el órgano donado para un trasplante.

No estoy de acuerdo. Incluso cuando las universidades asociadas con multinacionales, compañías de salud, capitales de riesgo y otros actores industriales trabajan para comunicar esta creencia, incluso cuando logran atraer a personas codiciosas a una carrera centrada en el cuidado de otras personas, yo estoy con los jóvenes idealistas que inician una carrera en el área de la salud para mejorar la vida de los demás, a menudo debido a sus propias experiencias con enfermedades y tratamientos. Impulsados por la empatía, su pasión se centra en resolver grandes problemas, y su inmenso talento se orienta al bien común. Esa es su misión, como lo fue la de aquellos que vinieron antes que ellos, que trabajaron más duro por menos, cuando la necesidad era más desesperada y los tratamientos escasos. Tal es su destino, y me niego a creer que moderar sus expectativas de ingresos económicos los haría poner la alarma una hora más tarde o dejar de experimentar después de su novena taza de café.

No existe ninguna ley natural que obligue a las empresas de ningún tipo a priorizar los intereses de sus accionistas y administradores. De haber alguna ley natural, esta probablemente indicaría que los clientes son leales si satisfaces sus necesidades, si los respetas, si no les mientes ni reduces la calidad de lo ofrecido, y si no los extorsionas. Que una empresa sea la única que ofrece un servicio o un medicamento no puede justificar precios exorbitantes ni baja calidad, sino que exige más responsabilidad. Sí, podrá salirse con la suya porque las leyes no se lo impiden (gracias a sus poderosos grupos de presión), pero sus valores deberían impedirle abusar de personas desesperadas a causa de una enfermedad, o de los trabajadores que emplea para cuidar a esos pacientes. Esto requiere un marco legal que prohíba la búsqueda excesiva de beneficios y una nueva clase de líderes que administren de modo efectivo los valiosos recursos que tienen en sus manos: la creatividad, la compasión, el tiempo y el dinero de profesionales de la salud, científicos, pagadores y ciudadanos generosos.

La cortisona, uno de los medicamentos más efectivos del mundo, fue transferido por la Clínica Mayo a la farmacéutica Merck Sharpe y Dohme por un dólar. Hasta hoy, casi 75 años después, este medicamento sigue siendo barato y está ampliamente disponible. Sin embargo, hoy en día, ejecutivos agresivos están comprando a los fabricantes de medicamentos genéricos y luego vendiendo esos mismos medicamentos con su precio multiplicado por mil. ¿Por qué? Porque pueden. Porque no hay nada que los detenga. Bueno, no es verdad. Lo que impidió que Mayo y Merck se beneficiaran excesivamente con las ventas de su milagrosa droga ganadora del Premio Nobel fueron los valores de su gente. Esos valores no solo deben impregnar la atención al paciente, sino también los contratos y reglamentos que protegen los intereses de las personas a quienes la codicia de los demás vuelve más vulnerables.

Los valores de una atención cuidadosa y gentil, si trascienden como el espíritu que se difunde por doquier, pueden transformar la medicina industrializada y dirigirla hacia el cuidado del paciente. El activismo de la revolución del paciente debe insuflar este espíritu, impulsándolo más lejos y más profundamente. Debe moderar las expectativas económicas. Debe anteponer a los pacientes al resto. Debe pagar por los tratamientos existentes y por los nuevos descubrimientos con el dinero ahorrado al renunciar a obtener ganancias exorbitantes y al evitar el desperdicio de recursos valiosos. Debe celebrar que estas innovaciones estén disponibles para quien las necesite, sin importar su capacidad económica.

Quizá la moderación no sea la antítesis definitiva de la codicia. Tal vez podamos entreverla en la idea de que todos estamos a bordo del mismo barco. Idea que en última instancia servirá para moderar las expectativas económicas de la medicina. La idea de un destino común es fundamental para la humanidad, cuya integridad se ofende cuando uno de nosotros enferma y no puede recuperarse porque otro espera beneficiarse con su desgracia. En vez de la moderación, que no es más que una atenuación de esos instintos, lo que se opone a la codicia es la solidaridad. Más que una reforma de la financiación y de los beneficios, necesitamos una revolución del cuidado del paciente. En el cuidado de cada miembro de nuestra familia, nos vemos afectados; en la respuesta que damos a las necesidades de cada uno de nosotros, vemos las posibilidades de nuestra acción: vivir vidas que no estén limitadas por la enfermedad ni por el tratamiento.

Incordio[3]

Se reúnen durante una hora y media el tercer lunes de cada mes. Vienen a ayudarnos porque les importa, porque quieren dar a ofrecer algo de ellos mismos a la sociedad y ayudar a los demás. Desde el 2004, el Grupo Asesor de Pacientes *(Patient Advisory Group)* colabora con la Unidad de Investigación de Conocimiento y Evaluación de la Clínica Mayo, también conocida como Unidad KER[4] por sus siglas en inglés. Vienen a enseñarnos qué se siente siendo paciente, a ayudarnos a desarrollar y mejorar nuestras propuestas de investigación, a colaborar con nosotros en la realización de los proyectos y en la comunicación de los resultados. Están muy comprometidos: trece años después, continúan haciéndolo.

Marge era la heroína del grupo. Había vivido con diabetes durante más tiempo que ningún otro. Tenía la diabetes tipo 1 «escrita en la frente». Llevaba una bomba de insulina todo el tiempo. Antes de dar el primer bocado, contaba los carbohidratos que iba a comer. Se pinchaba en las puntas de los dedos, justo en la parte más dolorosa –la unión de los vasos sanguíneos y las terminaciones nerviosas– y calculaba qué cantidad de insulina debía usar. Era meticulosa. Estaba orgullosa de sí misma. Y parecía sana tras cinco décadas conviviendo a diario con esta rutina. Llegaba pun-

[3] *Burden*, en el original. Incordio se refiere a aquello o aquel que resulta inoportuno, incómodo, fastidioso o molesto.

[4] *Knowledge and Evaluation Research (KER) Unit.*

tual y entera, física y emocionalmente, a las reuniones mensuales. Sonriente.

En una de estas reuniones, el grupo discutió sobre el incordio que suponen los tratamientos. Nosotros queríamos entender lo que los pacientes tienen que soportar para poder vivir vidas productivas sin las complicaciones de la diabetes; para poder tener una vida larga y saludable, como la de Marge. Nos contaron historias de citas médicas mal coordinadas, mala comunicación, falsas esperanzas y tratamientos de moda. Sus rostros se ensombrecían al recordar a los médicos y enfermeras que menospreciaron su experiencia, que los amenazaron con las complicaciones de la enfermedad y que los despidieron del consultorio cuando «fallaron» en el cumplimiento de sus tareas. Hablaron de negociar y superar barreras, de conseguir aprobaciones y permisos para que los médicos compartieran sus historias clínicas y se comunicaran entre ellos. De lo mucho que tuvieron que trabajar para encontrar información útil y fiable, o para estar al día con sus citas, facturas y reabastecimiento de medicamentos. De cómo, al igual que en la película *Yo, Daniel Blake*, los pacientes deben usar sus habilidades analógicas, «papel y lápiz», para enfrentarse a un sistema «digital», lleno de aplicaciones e interfaces web impenetrables. Y, además, todos tenían que lograr que su tratamiento para la diabetes encajase dentro de las exigencias de su vida cotidiana.

Marge sonreía. Tenía un doctor maravilloso que siempre supo lo que ella tenía que hacer. Y Marge siempre lo hizo, antes y después de jubilarse de su trabajo como enfermera. «¿Incordio este tratamiento? ¡No! Esto es lo que tengo que hacer para mantenerme viva y sana.»

«¿Entonces el tratamiento no interrumpe su vida? ¿Ni siquiera a veces?», objeté.

«No», contestó.

Mientras nos hablaba de la armoniosa simbiosis entre su vida y su tratamiento para la diabetes, Marge tomó su bolso. No sacó nada de él. La conversación del grupo cambió para hablar del trabajo de reabastecer los medicamentos y de ajustar el tratamiento de la diabetes durante bodas o infecciones. Entonces lo hizo de nuevo: buscó en su bolso, sin sacar nada de él. Julia, otra participante que estaba sentada a su lado, se dio cuenta. Con dulzura, sutilmente, presionó a Marge para que revisara su nivel de azúcar. Marge vaciló, buscando sin éxito en el bolso. Julia se unió a la búsqueda y encontró el medidor de azúcar. Para entonces, todos se habían dado cuenta y la sesión se había detenido. El tratamiento de la diabetes de Marge, causante de la bajada del nivel de azúcar en su sangre, había interrumpido a Marge, a Julia y a todo el grupo.

Cuando se produce una bajada súbita en el nivel de azúcar, al principio el cuerpo reacciona violentamente: temblores, sudoración y sensación de muerte inminente. Como el cerebro solo puede usar azúcar como combustible, la visión se vuelve borrosa, y la capacidad mental disminuye. Los pacientes como Marge, que han tenido diabetes durante muchos años y han experimentado niveles bajos de azúcar con cierta frecuencia, suelen dejar de experimentar esos primeros síntomas que pueden salvarles la vida. Esto los vuelve vulnerables, pues dependen de que otras personas (familiares, compañeros de trabajo, extraños) noten comportamientos inusuales, dificultad para hablar o incapacidad para coordinar movimientos, y los ayuden rápidamente a restaurar su nivel de azúcar.

Julia le dio a Marge pastillas de glucosa. Cuando su nivel de azúcar aumentó, Marge volvió a ser ella misma y sonrió. «¿Qué incordio? Esto es lo que tengo que hacer para seguir viva.» Y así lo hizo, viviendo con su diabetes durante la mayor parte de su inspiradora vida.

¿Era necesario que Marge experimentara episodios como este? ¿Son estas interrupciones el precio que se debe pagar por los beneficios de los tratamientos? He aprendido que, por ahora, la respuesta es un claro y aterrador sí. Pero no tiene por qué serlo.

Empecé a interesarme por entender el incordio que suponen nuestros tratamientos cuando me di cuenta de que se consideraba una parte inevitable de la enfermedad. La diabetes eleva el nivel de azúcar en la sangre. La disminución de los niveles de azúcar de Marge fue el resultado de demasiado tratamiento, demasiada insulina. Es decir, el tratamiento causó directamente la interrupción, no la enfermedad. De hecho, el tratamiento interrumpía su vida de otras maneras, antes de cada comida, todos los días. Marge lo reconocía, pero no calificaba estas rutinas obligadas como incordios. Ella las había incorporado a su día a día. Había vivido con su enfermedad durante décadas. Su tratamiento era su compañero, su salvavidas. ¿Y, qué pasaba cuando su tratamiento la interrumpía? Marge callaba, como si no quisiera usar calificativos que pudiesen ofenderlo.

Esta experiencia no era de ninguna manera única, como pudo corroborar mi colega, la doctora Kasia Lipska. Cuando publicó en *The New York Times* un brillante artículo de opinión en el que criticaba el incremento vertiginoso del precio de la insulina, recibió muchas cartas furiosas. Ella esperaba esa reacción por parte de los que había identificado como contribuyentes al problema: compañías farmacéuticas, agentes intermediarios, reguladores y pagadores. Quería algo mejor para los pacientes, reducir la carga financiera de sus tratamientos, y ello significaba hacer que la insulina fuera más asequible para gente como Marge que la necesita para vivir. Por lo tanto, fue particularmente doloroso para ella recibir esas cartas iracundas por parte de pacientes y de organizaciones de pacientes. Estas cartas hirieron su corazón, y la dejaron con una sensación de vacío y tristeza, sintiendo que de alguna manera había fallado a las personas a las que precisamente quería defender. Estas cartas de los pacientes estaban llenas de miedo. Los pacientes señalaban que la insulina y sus dispositivos de administración (agujas finas, inyectores y bombas de infusión) se habían vuelto mejores, más fáciles de usar, más efectivos y más seguros. Les preocupaba que, por insistir en la asequibilidad de la insulina, se pusieran en peligro las ganancias económicas de las corporaciones que hacen posibles estas innovaciones. Que se hiciera más largo el camino hacia una versión artificial del páncreas, el órgano que produce la insulina. Uno puede oírlos decir entre líneas: «¿Qué incordio? Esto es lo que tengo que pagar para recibir el tratamiento que necesito para vivir».

El director ejecutivo de *Eli Lilly and Company*, uno de los mayores fabricantes de insulina, reconoció que se estaba volviendo más cara, pero señaló que atender las complicaciones de una diabetes no tratada es todavía más caro. La competencia entre fabricantes no ha reducido el precio de la insulina, como puede esperarse en otros «mercados». Aquí, la competencia entre fabricantes ha llevado a un incesante aumento en el precio de todas las marcas de insulina. Los fabricantes satisfacen largamente su codicia, pero también lo hacen agentes intermediarios, entrometidos que sacan fortuna de las transacciones de insulina y que, por lo tanto, aumentan su precio a cambio del servicio poco transparente que brindan a las aseguradoras. Los fabricantes de insulina tal vez digan: «¿Qué incordio? Esto es lo que *nuestras compañías* tienen que hacer para sobrevivir».

Los pacientes recortan gastos en otras necesidades básicas para poder pagar su régimen de insulina: alimentos, ropa, vivienda, educación y ocio, cosas que deben esperar en fila por el dinero que quede. Algunos pacientes se reúnen en mercados improvisados que funcionan en estacionamientos. Ahí, los que tienen un excedente de insulina la venden a los que la necesitan. «¿Qué incordio? Esto es lo que necesitamos para seguir con vida.»

El trabajo de ser paciente

La ansiedad causada por tratamientos cada vez más caros, los incordios prácticos y económicos de obtener dichos tratamientos, además de los desafíos diarios que Marge, Julia y otros pacientes como ellas enfrentan para tratar su diabetes y otras enfermedades crónicas, contribuyen al incordio del tratamiento. No es solamente el tiempo que los pacientes emplean (y cuánto desearían haberlo usado de otra manera) sino también el trabajo emocional, el frustrante sufrimiento que conlleva el cumplimiento de cada tarea, que a veces se hace exasperadamente difícil sin motivo aparente.

Vivir con una o varias enfermedades se ha vuelto cada vez más demandante, ya que la medicina industrializada cada vez delega más tareas en sus pacientes. Tareas que deben cumplir para recibir cuidado a tiempo y bien coordinado. Para mejorar la eficiencia de sus breves visitas médicas, se pide a los pacientes que completen formularios y vengan preparados con preguntas, o que graben la visita para que puedan consultar de nuevo las recomendaciones e instrucciones del médico a su propio ritmo. El acceso a las historias clínicas, tan llenas de jerga médica que parecen gritar «esto no ha sido escrito para usted», lleva implícito la expectativa de que el paciente las revise. Siendo el 80 % de su contenido un copia-y-pega de notas previas, la historia de la señora Jones la sigue describiendo como empleada a tiempo completo, una década después de haber roto la piñata en su fiesta de jubilación.

Me topé con el trabajo del paciente al principio de mi formación. Los pacientes hospitalizados, tumbados obedientemente en sus camas, claramente no hacían mucho, y todo el trabajo médico estaba en manos de los clínicos. Pero parte del trabajo no era médico. A principios de la década de los noventa, la atención médica en los hospitales nacionales del Perú era nominalmente gratuita. Sin embargo, se pedía a las familias que pagaran algo y que llevaran los materiales necesarios para el tratamiento de sus seres queridos. Los estudiantes de medicina, convertidos en emprendedores al estilo de Robin Hood, compraban lo que quedaba fuera del alcance del paciente, conseguían que los pacientes pudientes pagaran por materiales, exámenes y procedimientos clínicos para los menos favorecidos, y almacenaban el excedente. Nos asociábamos con las familias para obtener lo que fuera necesario. Para recaudar fondos, algunas familias organizaban «polladas», fiestas en las que el riquísimo pollo a la brasa peruano es protagonista. Dos décadas después, cuando contemplo el trabajo que mis pacientes tienen que hacer para enfrentarse a la enfermedad y prosperar, para mantener una vida que no sea interrumpida por la enfermedad, me doy cuenta de que casi todo ese trabajo –tratamientos y diligencias– no depende de lo que hagan los profesionales, sino que está en manos del propio paciente.

A pesar de su importancia, en mis catorce años de formación no recuerdo una sola conferencia, ni he encontrado un solo capítulo en ningún libro de texto médico sobre el trabajo de los pacientes. Cada seis meses, mis pacientes pasan entre dos y cuatro horas en la clínica. En las otras 4.316 horas, deben encontrar la manera de integrar el autocuidado armoniosamente en su vida. Para la clínica, y para cualquier persona que no quiera darse cuenta o preguntar, este trabajo es invisible y silencioso. Además, ninguna empresa de salud evalúa cuánto trabajo se les da a los pacientes. No conscientes de lo sobrecargados que están los pacientes y sus familias, los gestores de servicios de salud ven en el paciente «el recurso más infrautilizado en la atención médica». Esta declaración no solo es desagradable, indiferente y profundamente industrial, sino que demuestra una ignorancia supina sobre lo abrumador que resulta para los pacientes y sus familias implementar los tratamientos y navegar por el sistema de salud.

Es más, para la industria de la salud el trabajo del paciente no solo es invisible, sino también gratuito. A la vez que delega el trabajo en los pacientes, la medicina industrializada elimina de sus balances el costo de estos servicios, dando la apariencia de ser más eficiente. Para las organizaciones que buscan optimizar el valor de la atención médica, es decir, la calidad alcanzada dado lo que costó hacerlo, traspasar el trabajo a los pacientes hace que sus servicios parezcan de «alto valor». Los gerentes pueden celebrar que, gracias a que delegaron el trabajo en una persona «comprometida», ahorraron algo de los escasos recursos con los que cuentan. Una situación, según ellos, en la que todos ganan.

Todo este trabajo requiere esfuerzo, atención y tiempo, pero hay muy pocos estudios que evalúen cuánto tiempo es necesario. Las estimaciones actuales sugieren dos horas por día, equivalente a un trabajo a tiempo parcial. Los pacientes que tengan una sola enfermedad y que cuenten con una situación psicosocial estable, tal vez puedan acomodar en sus vidas las tareas y demandas del tratamiento que les han sido delegadas. Estas tareas se pueden encajar entre lo urgente y lo importante; entre las demandas familiares, laborales y sociales. Se pueden cumplir durante el tiempo que, de otro modo, se reservaría para descansar tranquilamente, hacer carpintería, soñar, planear el futuro, tener aventuras, siestas o conversaciones.

Pero no se trata solamente del tiempo que el paciente invierte en esos trabajos, sino también de las dificultades que conlleva desempeñarlos mientras la vida continúa. Los pacientes deben responder a las demandas propias de su vida diaria, a menudo más significativas y urgentes, como tener un bebé, aceptar un ascenso laboral, aprender nuevas habilidades, divertirse con amigos, disfrutar de un concierto en el parque o dar un paseo relajante por la playa. Cuando la vida hace demandas más dramáticas, este esfuerzo es aún mayor, ya que los pacientes deben continuar su tratamiento mientras cuidan a seres queridos que han enfermado, buscan un trabajo nuevo, hacen números para llegar a fin de mes o evitan ser desalojados de su casa.

Para la mayoría de los mortales, este trabajo acumulado acaba siendo abrumador. Más del 40 % de las personas mayores de 65 años manifiestan que cuidar de su salud les ocasiona demasiado trabajo. Muchos pacientes delegan el trabajo en miembros de su familia. Pero aquellos que viven solos, que no quieren o no pueden pedir ayuda, o que viven en la pobreza, se ven obligados a hacer lo que pueden y a posponer el resto. Los médicos califican a los pacientes que no implementan el plan de tratamiento con una etiqueta de la que, según mi experiencia, es extremadamente difícil deshacerse, una letra escarlata que describe no su circunstancia, sino su carácter. Los califican de incumplidores.

Ser definido como «incumplidor» es más que llevar una etiqueta desagradable. Describe a las personas que a pesar de entender lo que se les pide, no lo hacen. Gente de poco fiar, irresponsable. Gente a la que no le va a ir bien, y cuyas complicaciones evitables le costarán dinero al sistema. Reconozco que a mis colegas y a mí no nos han preparado para atender adecuadamente a este tipo de pacientes. Nuestros protocolos no dicen nada sobre cómo ayudar con el cuidado que tiene lugar en la cocina, el baño, la mesita de noche, el lugar de trabajo, la línea de asistencia al cliente del seguro médico, la espera telefónica de la clínica, internet, la cola de la farmacia, la parada de autobús o el pasillo de la clínica. Por lo tanto, los médicos que optan por trabajar bajo la influencia de los incentivos de productividad (esquemas de pago por resultados) verán el cuidado de los pacientes incumplidores como algo poco rentable, arriesgado y nada gratificante. El incumplimiento es una de las principales causas que los médicos y las compañías de atención médica mencionan para justificar el despido de sus pacientes.

En este mar de impotencia e incompetencia, los clínicos asumimos que los pacientes incumplidores necesitan más educación, que su incapacidad para ejecutar instrucciones es seguramente el resultado de su ignorancia. La educación es útil cuando la falta de conocimiento y experiencia en el autocuidado significa que el paciente solo puede implementar tratamientos exactamente como han sido prescritos, sin buscar adaptarlos a las rutinas de su vida diaria. Estas adaptaciones requieren experiencia para saber cómo y cuándo hacer excepciones o simplificaciones, de modo que se mantenga el valor del tratamiento al tiempo que se hace más factible. Este tipo de sabiduría práctica a menudo puede encontrarse en pacientes con experiencia, y no en clases o en un folleto informativo.

Otros tal vez piensen que los pacientes «incumplidores» necesitan motivación, cambiar su comportamiento, «empoderarse» o «activarse». Los incentivos y sanciones «aseguran que las personas asuman responsabilidad sobre sus propias vidas». Estas tácticas de educación y motivación son frustrantemente inútiles para la mayoría de los pacientes, que se sienten desbordados. Es como si insistiéramos en gritarle instrucciones a un turista perdido en un idioma que no puede entender.

Las compañías de salud y sus empleados podrían darse cuenta de algunas cosas si prestaran atención. Muy a menudo, los pacientes «incumplidores» son, por lo demás, padres diligentes y cariñosos, empleados del mes en los dos trabajos que deben mantener y ciudadanos implicados en sus vecindarios. No necesitan activación, empoderamiento, más capacitación, incentivos financieros ni castigos. No necesitan ser amenazados, etiquetados de incumplidores ni despedidos de la clínica. Necesitan un respiro. Necesitan ser cuidados.

Medicina mínimamente impertinente

Aunque una parte del incordio del tratamiento no es opcional, no es necesario aceptarlo todo de golpe. No podemos celebrar los avances en el alivio de la enfermedad y no decir nada sobre el esfuerzo que el tratamiento conlleva para el paciente. Gran parte de este esfuerzo, creo, es evitable. El incordio del tratamiento no tiene por qué ser un aspecto inmutable de vivir con una enfermedad: la amenaza de la diabetes no tiene nada que ver con la angustia que sienten las personas como Marge cuando las tecnologías que pueden facilitar las rutinas que deben seguir antes de cada comida (por ejemplo, los sensores de glucosa o las bombas de insulina) o la insulina que necesitan para sobrevivir tienen un precio fuera de su alcance.

La atención que los pacientes necesitan, como escribimos mis colegas Carl May, Frances Mair y yo en el 2009, debe ser mínimamente impertinente. Debe centrarse en mejorar la situación humana de cada paciente dejando la menor huella posible en sus vidas. Es una llamada a que pacientes y clínicos moldeen el tratamiento para que responda a la situación de cada paciente y, a la vez, encaje en sus ajetreadas vidas. Esto requiere usar tanto la evidencia científica relevante disponible, como la experiencia y los conocimientos de ambos, pacientes y clínicos.

La medicina mínimamente impertinente requiere programas de fácil acceso y uso, cuyo contenido sea coherente, y cuya atención sea continua y coordinada entre todos los involucrados. Prohíbe la delegación de tareas médicas en los pacientes y familiares y su incorporación a la planilla de personal no pagado de la medicina industrializada. Debido a que gran parte del cuidado debe ser llevado a cabo inevitablemente por el paciente, se debe hacer todo lo posible para evitar el desperdicio en el autocuidado, mejorando su significado, viabilidad y valor para el paciente. Cada parte del trabajo asignado en última instancia al paciente debe diseñarse pensando en el paciente más sobrecargado.

Pensemos, por ejemplo, en cómo evolucionaron las rutinas a medida que las clínicas para pacientes con VIH respondían a las necesidades de los pacientes infectados por el virus. En un punto clave de la epidemia, los pacientes pasaron de morir por la infección del VIH a vivir con ella gracias a tratamientos efectivos, aunque complicados. Los pacientes tenían que tomar estos tratamientos de manera consistente –o arriesgarse a la resistencia viral y la muerte– a la vez que se enfrentaban a dificultades personales, emocionales, psicosociales y financieras. Las clínicas entendieron esto. Un equipo multidisciplinar compuesto por médicos, personal de enfermería, un farmacéutico, un trabajador social y un recepcionista atendía las clínicas. Estos equipos debían reducir el incordio del tratamiento, mejorar el cumplimiento y prevenir y tratar las complicaciones. El recepcionista, por ejemplo, coordinaba las citas, gestionaba el transporte de ida y vuelta a la clínica, verificaba la alimentación y el alojamiento, y facilitaba las recetas. Así mismo, entregaba una bolsa con los medicamentos reabastecidos a los pacientes cuando estos salían de la clínica, después de reunirse con el equipo. Trabajando en colaboración con los pacientes, muchos de los cuales vivían en condiciones de pobreza, estas clínicas controlaron con éxito la infección en la mayoría de sus pacientes.

La medicina mínimamente impertinente exige prohibir el uso de la etiqueta «incumplidor», ya que no sirve para nada. Es mucho más productivo evaluar la situación del paciente para diagnosticar por qué se ha producido un desequilibrio entre el trabajo que se le asigna y su capacidad para llevarlo a cabo. Este diagnóstico, de forma inmediata e intuitiva, señala qué hacer para afrontar la situación: adecuar la carga de trabajo del paciente a su capacidad de asumirla.

Y optimizar es lo que hizo Ana, una estudiante de nuestro equipo, cuando se tomó un descanso para visitar a su abuela María Luisa, una peruana establecida con su hijo y dos nietas en Alaska. María Luisa vivía con múltiples enfermedades crónicas que requerían un régimen de pastillas complicado. Tres días a la semana se sometía a diálisis en un centro de salud durante tres horas por la mañana, después de lo cual estaba tan agotada que había dejado de tejer ganchillo para sus nietas. Le habían pedido que siguiera una dieta aburrida y sosa, en lugar de los coloridos platos peruanos llenos de los exquisitos olores y sabores que le encantaban. Rara vez salía de casa. Su español solamente le servía para comunicarse con su familia y para llamar a sus amigos en Lima.

Ana inmediatamente vio oportunidades para implementar un cuidado mínimamente impertinente para su abuela. Organizó sus medicamentos utilizando un pastillero semanal multidosis. Instaló un ascensor que permitía a María Luisa moverse entre el primer y el segundo piso de la casa, algo que no hacía sola durante el día por temor a caerse por las escaleras. Ana cambió el horario de las diálisis a la tarde, liberando las mañanas para que María Luisa reiniciara su afición por el crochet. Este cambio de horario fue especialmente afortunado, ya que dos de las enfermeras de diálisis en el turno de la tarde hablaban español, y esto expandió su mundo. Ana envió las restricciones alimenticias de su abuela a un nutricionista en Perú, que envió recetas que se preparaban todos los domingos para María Luisa. Ahora, ella podía degustar la comida de su tierra natal todos los días sin tener que engañar, sentirse culpable o complicar su situación médica. La expansión de su red social, el sentido de valía personal y placer, así como la movilización de algunos recursos materiales, ayudaron a reducir el incordio del tratamiento para María Luisa. Paliar sus síntomas de fatiga, dolor, insomnio y dificultad de respiración, la «activó». Lograr llevar a cabo su autocuidado de modo satisfactorio y participar en el cuidado de sus seres queridos la «empoderó».

El trabajo que Ana hizo es lo que la medicina debe hacer, ya que la mayoría de los pacientes y sus cuidadores carecen de los conocimientos, habilidades o recursos para lograr una atención mínimamente impertinente por sí mismos. Sus esfuerzos demuestran cómo una atención gentil, que brinde el máximo apoyo, puede reducir el incordio del tratamiento en la vida de los pacientes.

Procurar una atención mínimamente impertinente puede parecer erróneo para quien piense que no hay nada en la vida de los pacientes que deba priorizarse al cuidado de su propia salud. Visto de este modo, todo esfuerzo que los pacientes realizan para alcanzar sus objetivos de salud está justificado. A veces eso es cierto, como suele ser el caso cuando se vive con la amenaza mortal de un cáncer o la oportunidad de recibir un trasplante de órgano que podría salvar la vida del paciente. Pero para los pacientes crónicos que no tienen a la vista el final de su vida, estos actos heroicos son injustificados y casi siempre evitables. Los clínicos deben reconocer que las personas (incluso ellos mismos cuando se convierten en pacientes) no viven solamente para ser o convertirse en pacientes perfectos. En realidad, lo importante es que el tratamiento ayude a los pacientes a conseguir la salud necesaria para cumplir con sus obligaciones para con los demás y realizar sus sueños. Por lo tanto, algunos tratamientos simplemente no se implementarán porque no encajan en sus vidas. Esto puede oponerse a la idea de aquellos que piensan que los pacientes deben sentirse afortunados por nuestra excelente atención médica, independientemente de cuánto esfuerzo y tiempo les lleve obtenerla. Visto así, estos pacientes afortunados deben cumplir su parte del trato y hacer todo lo posible para implementar las recomendaciones del médico. Sin embargo, todo clínico que entienda su deber debe tener claro que son los profesionales de la salud quienes tienen el privilegio de poder estar junto al paciente, los que deben sentirse honrados de poder tratar a cada persona, de merecer su confianza y de estar al lado del paciente cuando se enfrenta a su infortunio.

El cuidado del paciente debe reducir la violencia y promover la justicia en el mundo, debe ofrecer tratamiento necesario y seguro a cualquiera que lo necesite. Mientras escribo esto, pienso sobre todo en la violencia sistemática contra las personas por motivo de su raza, etnia, nacionalidad u orientación sexual. La discriminación, el aislamiento y la pobreza, implacables y no mitigables, les gritan a la cara que sus vidas importan menos. Ante las personas más vulnerables, enfermas y paralizadas por una injusticia generalizada y persistente, la medicina industrializada responde con una violencia con marca propia, etiquetándolas (a las personas y no a la situación) como «incumplidoras». El cuidado del paciente, el tipo de cuidado por el cual nos rebelamos, debe ser un refugio tranquilo, un oasis seguro y justo para la restauración y la regeneración. La medicina debe trabajar para minimizar el incordio que ella misma impone, para ayudar a las personas a ser y hacer lo que deben. Siendo mínimamente impertinente, la medicina debe ayudar a cada paciente a vivir con la menor cantidad de estorbos posibles impuestos por la enfermedad o por el tratamiento.

Atención cuidadosa y gentil. Eso es lo que Marge, Julia y María Luisa quieren y necesitan para vivir y sentirse bien.

Juan

Juan es un hombre de 55 años. Tiene sobrepeso. Para tratar su diabetes, toma diariamente dos pastillas distintas. También tiene hipertensión y hasta hace poco estaba usando un diurético. Como no estaba logrando la meta de presión arterial establecida en el contrato del seguro con la práctica de su médico, este le agregó otro medicamento, un beta-bloqueador. Ahora se marea cada vez que se levanta rápidamente. Juan también tiene colesterol alto, depresión, dolor de espalda y dolor en los pies debido al daño que la diabetes le ha causado a sus nervios.

Ante la falta absoluta de mejoría, su médico de atención primaria lo derivó a un centro médico especializado. Su esperanza era que Juan fuera atendido por un médico especialista en diabetes, un podólogo y un nutricionista. Para asistir a estas citas, Juan tiene que faltar al trabajo y convencer a su vecino para que lo lleve. En estas visitas, los médicos le han dicho que tiene que evitar la sal, las grasas y los carbohidratos; que necesita estar activo y hacer ejercicio a pesar de su dolor de espalda y de pies, y que debe revisar sus pies regularmente. Sin embargo, Juan no se ve los pies desde hace tiempo debido a su pronunciada barriga.

Los doctores lo regañan repetidamente por no tomar sus pastillas con regularidad, dando por sentado que esa debe de ser la razón por la cual se cumplen las metas de su tratamiento... aunque él sí las toma. Esta es precisamente la razón por la que se marea al levantarse demasiado rápido. No le dan oportunidad de contradecirlos. También le piden que mida su nivel de azúcar en la sangre todos los días y que lleve un registro de las mediciones. Él anota sus números religiosamente, y los lleva consigo a sus visitas médicas. En lugar de revisar estos números, el médico habitualmente los ignora y centra toda su atención en una medida de laboratorio que capta los niveles promedio de azúcar en la sangre durante los últimos tres meses, la hemoglobina A1c. En todos estos encuentros, los médicos solamente hablan de la incapacidad de Juan para disminuir sus niveles de A1c, colesterol, presión arterial y peso. Ni una palabra acerca de las dificultades de Juan para sobrellevar el dolor, el insomnio y la desesperación.

La preocupación por su trabajo mantiene a Juan en vela durante la noche. Debido a varios despidos, Juan es ahora el único contable que queda de los tres que solía tener la empresa para la cual trabaja. Se enfrenta a plazos de trabajo imposibles. Para cumplirlos, se lleva el trabajo a casa. Ha examinado los números y ha encontrado serios problemas: la empresa y su empleo corren peligro. De perder su trabajo, perdería también su capacidad para pagar sus deudas, las primas de su seguro de salud y su hipoteca.

Pero en casa hay algo que le preocupa más aún que pagar su hipoteca. Su hija mayor ha vuelto a vivir con él. Cuando apareció en la puerta, buscaba refugio tanto para ella como para sus dos hijas, pues huía de una relación abusiva. Desafortunadamente, ella no ha podido escapar de su adicción a los analgésicos. Juan está enfermo de preocupación por su familia.

Desplomado en el sofá de la sala, Juan reflexiona sobre su futuro y el de su familia, el de sus nietas. Abatido, mira el montón de correo sin abrir. Ve las facturas por pagar y las deja a un lado. También hay una carta de su médico de atención primaria. La abre. Es breve y abrupta: Juan no está cumpliendo con los objetivos de control de sus enfermedades y, por lo tanto, debe buscar un nuevo médico.

No hay nada extraordinario en la historia de Juan. La inventé a partir de las historias de muchos de mis pacientes. La he presentado alrededor del mundo. En todas partes, los médicos me dicen: «Sí, yo también conozco a Juan» o «Acabas de describir una gran parte de mi práctica». Los pacientes se me acercan al final de las charlas y me dicen «Yo también soy Juan», «Soy Juana» o «Acabas de relatar la historia de mi padre».

Juan es un arquetipo: el paciente que vive con una situación médica y personal complicada que la medicina industrializada no puede resolver, pero por la que sí está dispuesta a avergonzarlo y culparlo. Es para pacientes como él para quienes se desarrollan programas para motivar, educar y activar, como si sus problemas estuvieran causados por su ignorancia o falta de participación. Él es la «inspiración» de los planes de los seguros médicos que multan a pacientes como él para cerciorarse de que se «jueguen el pellejo». Como si jugarse el futuro de sus nietas no fuera suficiente. Él es el chivo expiatorio de los malos resultados médicos a pesar de la escalada de los costos del tratamiento.

Pero Juan no es el problema. La medicina necesita cuidar de Juan, no avergonzarlo o deshacerse de él. Culpar a Juan y a su situación por los problemas de los servicios de salud es como culpar por el incendio al humo que escapa por las ventanas de la casa en llamas. Juan es una señal.

Una señal

Similar a la que se muestra en una imagen que encontré en internet: un minero cansado y cubierto de hollín que sostiene al que supuestamente sería el último canario de una mina de carbón inglesa. Los mineros llevaban estos canarios con ellos para que sirvieran como señal de la calidad del aire dentro de la mina. Según tengo entendido, si el aire se volvía tóxico, los canarios se agitaban y, finalmente, dejaban de cantar. En ese momento, a más tardar, los mineros debían abandonar la mina.

La atención médica se volvió tóxica para Juan. Sus respuestas a los problemas de Juan no podían mejorar su situación y, de hecho, no la mejoraron. Su falta de mejoría, interpretada como negligencia ante su enfermedad, pudo haber sido vista de otra manera. Juan, el canario, había dejado de cantar. Sin embargo, para la medicina industrializada, la culpa la tiene el canario.

Segunda parte

Elegancia

He pasado muchos fines de semana, orgulloso, en un lugar húmedo y caluroso; rodeado de padres y hermanos de otros nadadores entusiastas, animando a mis hijos, a gritos y en mi lengua materna, mientras ellos lo daban todo en la piscina. Los padres de otros niños, sin entender qué gritaba, alguna vez me pidieron que también animara a sus hijos, y yo alguna vez lo he hecho. A lo largo de los años, mis hijos han recompensado mi «¡Vamos, vamos!» con tiempos cada vez más rápidos. Han ganado velocidad nadando con menos brazadas y moviéndose más armoniosamente.

Mientras atraviesan la piscina, mis hijos causan solamente la cantidad justa de turbulencia en la superficie. Mejorar la eficiencia de sus movimientos, eliminar lo superfluo y lo innecesario, les ha llevado años de intensa práctica diaria. Se han convertido en nadadores elegantes. La energía que antes empleaban en luchar contra la gravedad, la resistencia, la fatiga, el dolor (causado en parte por lo fría que está el agua) y otras fuerzas físicas y psicológicas, ahora la invierten en ser los primeros en tocar la pared. Sus mentes ya no se concentran en coordinar sus movimientos, sino en la estrategia para ganar la carrera. Los gorros de natación colocados sobre sus orejas bloquean el sonido, pero yo sigo gritando. «¡Vamos, vamos!» Ellos tocan la pared, levantan los brazos, elevan el puño al cielo y una sonrisa se dibuja en sus caras. Estrechan la mano de los competidores del carril contiguo y dirigen una mirada furtiva hacia las gradas. Atrapo esa mirada y atesoro el momento, orgulloso de estos nadadores tan elegantes.

Una vez que la notas, la ves por todas partes: la elegancia de lo esencial. Como esos maestros que desempeñan su arte sin esfuerzo, delegando aquellas tareas que antes demandaban su atención a la memoria muscular, y dirigiendo su energía y concentración al próximo desafío. Gracias a la implementación de rutinas eficientes, ahora ellos pueden actuar cuidadosamente, sin desperdiciar fuerzas. Su práctica consciente es elegante, fruto de tomarse tiempo para mejorar su arte, más trabajo meticuloso que carrera desenfrenada.

Creo que, para poder cuidar de los pacientes, los clínicos deben permitirse desacelerar. Como paciente, debo poder sentir que a mi médico lo que más le importa es lo que está sucediendo ahora, no mañana, no con el siguiente paciente ni con el que se acaba de marchar. El tiempo que compartimos necesita desacelerarse, desmenuzarse y comprenderse. En la profundidad de nuestro encuentro debemos pensar, trabajar, sentir y hablar sobre mis problemas como paciente. Estos momentos darán lugar a lo que vendrá después: realizar más pruebas, recopilar otras opiniones, considerar otras estrategias, darle tiempo al tiempo, tratar. Hay que desacelerar el tiempo no simplemente para alargarlo, sino para profundizar en nuestro análisis de la situación. Y volver a analizarla. Para revisarla y volverla a revisar. Si no invertimos en ese tiempo juntos, lo que sigue son malentendidos y desaciertos. Hay que caminar con cuidado para no tropezar. Para cuidar del paciente, la atención que le dedicamos debe desacelerarse y ganar en profundidad.

Sin embargo, los servicios de salud se centran en mejorar su eficiencia, no para hacer que el cuidado del paciente sea más elegante, sino sencillamente para hacer más usando menos. Un énfasis tan fuerte en la eficiencia ha convencido a muchos de mis colegas de que la consulta sin prisas es una reliquia, de que ya no es parte del diseño inteligente de cómo prestan atención médica las compañías de salud. De hecho, una consulta sin prisas entre los pacientes, sus familias y un clínico competente, cuidadoso y gentil, puede parecer muy ineficiente. Es cierto que la medicina ha acumulado muchos rituales inútiles que persisten a pesar de tener poco o ningún valor. Por ejemplo, el poner un estetoscopio en el cuello sobre la arteria carótida para escuchar soplos. Esta práctica no es lo suficientemente precisa como para detectar o descartar obstrucciones que pueden causar accidentes cerebrovasculares. Por otro lado, algunos ritos –las palabras, los gestos, el tacto– pueden demostrar preocupación y fomentar confianza. Para clínicos experimentados, escuchar, examinar, aconsejar y volver a escuchar son acciones que se suceden rápidamente y sin desperdicio. Sus pacientes viven estas coreografías, estas concatenaciones de acciones e inacciones intencionales, como encuentros pausados. La atención médica no debe ser eficiente, sino elegante.

Cuando se trabaja a contrarreloj, los clínicos encargados de la coreografía del encuentro tal vez decidan interrumpir el baile antes de tiempo. Y saltarse algunos movimientos, varios de ellos importantes. Harán preguntas de sí o no, interrumpirán las respuestas de los pacientes a los 11 segundos, se concentrarán por completo en un examen de laboratorio mientras ignoran otros resultados y ofrecerán uno o dos «siguientes pasos» antes de dirigirse a la puerta señalando el final de la visita.

Conectar con los pacientes para entender lo que les importa, ofrecerles una explicación y trabajar juntos para integrar el tratamiento en sus rutinas: estas prácticas elegantes y gentiles, desplazadas por tareas que los clínicos deben completar, como la documentación (para la facturación) y la facturación. El análisis y la reflexión sobre *este paciente* han sido reemplazados por la aplicación semiautomática de algoritmos para *pacientes como este.* La discusión con otros colegas expertos ha sido reemplazada por la próxima consulta. Cualquier vestigio de práctica elegante es interrumpido por urgencias sin importancia, por la constante demanda de datos que el ordenador en el escritorio del médico necesita para generar más datos. De este modo, la eficiencia obtenida no hace que el cuidado sea elegante, puesto que interfiere con la atención médica misma. El servicio es rápido, pero no mejor, lleno de movimientos extraños que perturban, interrumpen y corrompen los encuentros clínicos.

En medicina, el tiempo impone una cierta opresión. El opresor, por supuesto, no es el reloj, sino la mano invisible que establece la duración de la visita en un tiempo arbitrariamente breve. En los últimos veinte años, los encuentros se han tornado más ajetreados. La presión que los médicos tienen para ver más pacientes en menos tiempo impide otras acciones importantes: devolver las llamadas de los pacientes, discutir con otros médicos los signos o síntomas desconcertantes que presenta un paciente, mantenerse al día sobre los conocimientos médicos, o reflexionar y leer sobre un paso en falso que se haya tomado o un mal resultado. Los clínicos también deben tomarse el tiempo para cuidar de su propio bienestar. Estos elementos esenciales se dejan para otra persona, para más tarde, o para nunca. Que la aparente eficiencia conseguida cronometrando al médico suponga desperdicios más adelante se escapa del escrutinio. De hecho, que la situación de un paciente se valore erróneamente y requiera ser reevaluada en una nueva visita puede resultar conveniente cuando los contratos estipulan pagos por visita. Si la situación del paciente ha empeorado, esto puede requerir pruebas y tratamientos más agresivos o especializados. La presión por realizar más visitas y visitas más breves puede resultar en una eficiencia sin efectividad. Puede pasar por prestación de servicios, pero no es cuidado del paciente.

Esta falta de elegancia es obvia para muchos pacientes y médicos en sistemas menos favorecidos. Tales sistemas, con poco personal y con pocos fondos, se mantienen a flote gracias al sacrificio personal de sus empleados y a la generosidad de los pacientes, que toleran con gratitud las limitaciones del servicio disponible. La rápida atención y la falta de respeto al paciente, en estos sistemas, son una amenaza constante a la dignidad humana.

A la inversa, cuando hay recursos disponibles, la administración excesiva, la mala organización de los servicios, la especulación y la corrupción los desperdician. En algunos países, la batalla ideológica sobre el acceso universal a los servicios de salud puede manifestarse en reducciones notables en los fondos públicos que los financian. Esto permite luego «demostrar» la insuficiencia del sistema público: las citas se acortan, las listas de espera se alargan. Donde prima la mano invisible del mercado, la obtención de ganancias excesivas por parte de los inversionistas priva a los servicios de salud de los recursos que necesitan para ofrecer una atención cuidadosa y gentil al paciente. La especulación abusiva dentro de sistemas con financiamiento insuficiente tatúa una nueva marca de frustración en los rostros de sus pacientes, en particular en los menos capaces de quejarse, sortear obstáculos u obtener favores especiales. Cuando los recursos son limitados debido a la escasez, la incompetencia, la politiquería o la búsqueda de ganancias, las personas que están en las «sombras de la vida», como apunta Hubert Humphrey,[5] las más enfermas y humildes, pueden obtener servicios médicos, pero no del tipo que cuida y se preocupa por ellos.

Las presiones e interrupciones de la medicina rápida pueden hacer que cualquier médico parezca inexperto, sustituyendo su experiencia en la práctica médica elegante con una falsa pericia en el procesamiento de pacientes. Recibo muchas llamadas de pacientes, a menudo familiares y amigos, que necesitan una segunda opinión. Invariablemente, la situación es complicada. Pero también es común ver personas en las que las potentes, costosas y dañinas herramientas de la medicina se han usado en exceso y prematuramente. Lo contrario también es común: personas, a menudo con recursos limitados, que tienen problemas porque esas mismas herramientas se usaron muy poco o muy tarde. Estas personas tienen problemas porque la atención médica fue apresurada y descuidada. Porque prestar servicios de salud no significó cuidar del paciente.

Quizás esta amenaza no sea nueva. El médico Raymond Pruitt se unió a la Clínica Mayo en la década de 1940, y después fue decano fundador de su escuela de medicina. Unos años después de completar su mandato como decano, Pruitt dio un importante

[5] Hubert Horatio Humphrey Jr. (27 de mayo, 1911 - 13 de enero, 1978), político americano que sirvió como el trigésimo octavo vicepresidente de Estados Unidos, de 1965 a 1969. Según sus palabras: «El examen moral de un gobierno es cómo trata a esos que están en el alba de la vida, los niños; a los que están en el crepúsculo de la vida, los ancianos; y a los que están en las sombras de la vida: los enfermos, los necesitados y los discapacitados».

discurso a sus colegas. En él, evocó la Clínica Mayo que conoció al llegar, décadas antes. Señaló que entonces los médicos tenían tiempo para realizar consultas sin prisas, para revisar casos difíciles con colegas, para tener conversaciones que facilitaban el compañerismo, para reflexionar y, generalmente, al final de la semana, para recapitular lo aprendido y señalar lo que aún se debía aprender. Muchos se dedicaban a hacer investigación los viernes, mientras sus pacientes volvían a casa.

Pruitt expuso los cambios que había observado: cómo la Clínica Mayo se había dado a conocer como líder en la contención del gasto. Le preocupaba que, al hacerlo, la institución pudiera haber priorizado su margen económico poniendo en riesgo lo que él llamaba «el margen de elegancia». Pruitt había visto la elegancia deliberada de la Clínica Mayo: médicos que trabajaban en equipo, caminando, nunca corriendo, con el paciente que ellos examinaban prolijamente y que respetaban con delicadeza. A Pruitt le preocupaba que todo esto se perdiera bajo las disciplinas de la administración. Era el año 1977.

Cuarenta años después, aún se puede encontrar elegancia, pero para ello se hace necesario explorar los márgenes de la atención médica. Esto es lo que mis colegas del Centro de Innovación de la Clínica Mayo decidieron documentar en el 2010. Recopilaron momentos de «conexión humana profunda» en el hospital.

> Cuando el médico docente a cargo de la ronda médica y los estudiantes pasaban al siguiente paciente, un interno echó un segundo vistazo y notó que el paciente que acababan de ver estaba enojado. Se quedó rezagado y se sentó sin prisas junto a su cama.
>
> La hija de la paciente acababa de llegar de fuera de la ciudad a última hora de la tarde y se había perdido la reunión con el cirujano. Esa misma noche, en la tranquilidad del turno nocturno del hospital, el cirujano pasó por la habitación camino a casa y se detuvo para conversar con la recién llegada. «Vestía su ropa de calle», recordó ella.

Nada heroico, nada extravagante. El simple cuidado convertido en algo extraordinario por las presiones de una medicina de alto valor que considera que las pequeñas gentilezas son un lujo.

La presión por hacer más con menos no solo ha afectado a la atención médica, sino que se ha extendido a la experiencia de vivir con la enfermedad. Los servicios de salud han delegado parte de los quehaceres de los profesionales de la salud en técnicos menos costosos, capaces solamente de hacer el trabajo parcialmente, así como en los pacientes y sus familias. Los gerentes hablan de trabajo en equipo y atribuyen a la historia clínica electrónica y a otras tecnologías la propiedad mágica de poner a todos al día y de acuerdo. Pero la lista de tareas pendientes asigna cada vez más deberes al equipo del paciente. Deben hacer el trabajo y además pagar la cuenta. Los pacientes deben negociar con el personal administrativo para acceder a su propia historia clínica, garantizar que esta se comparta entre sistemas con plataformas electrónicas incompatibles y comprender facturas incomprensibles y, a menudo, incorrectas. Deben promover la comunicación y la coordinación entre los diferentes profesionales clínicos para garantizar que sus recomendaciones sean coherentes y seguras, dado que tendrán que implementarse todas al mismo tiempo. Deben descubrir a quién tienen que contactar para abordar una nueva preocupación o para verificar y corregir una receta, factura, solicitud de prueba o registro. El sistema de salud continuamente frustra cualquier esperanza de hacer que la enfermedad y el tratamiento sean partes elegantes de la vida de una persona.

A veces, la búsqueda de eficiencia en el sistema de salud también reduce el desperdicio de tiempo, atención y energía del paciente. En una clínica eficiente, la puntualidad significa menos tiempo de espera para él. Acercar entre sí los servicios que los pacientes normalmente usan a la vez puede mejorar la comunicación entre estos y reducir el tiempo que le toma al paciente pasar de uno a otro. Algunas compañías de atención médica, como ThedaCare en Wisconsin y Virginia Mason en Washington, por ejemplo, han logrado estas eficiencias utilizando el enfoque *Lean*, adaptado del sistema de producción de Toyota. Sin embargo, una revisión cuidadosa de su enfoque muestra su limitación: termina en la puerta de la clínica. La reducción del desperdicio para el paciente en su autocuidado en el hogar o en el trabajo no se contempla en los diagramas que representan los procesos susceptibles de mejora. Por lo tanto, cuando la eficiencia beneficia al paciente, a menudo se debe más al resultado de una feliz coincidencia que a la disciplinada decisión de los gerentes de las compañías de salud de procurar una atención centrada en el paciente.

Bonnie es una escritora que viaja por trabajo. Es madre de dos niños. Bonnie vive con diabetes tipo 1. Ella es una paciente experimentada, pues hace casi tres décadas que convive con la enfermedad. Viajar entraña todos los desafíos que cualquier paciente elegante desearía evitar: reglas cambiantes, rutinas de seguridad distintas de un aeropuerto a otro, cambios de zona horaria, oportunidades impredecibles para comer, carreras para hacer conexiones y espacios estrechos (el asiento central, el baño), etc. A Bonnie, sin embargo, le encanta viajar. Su trabajo, al igual que su familia, es algo fundamental para su realización personal. En uno de sus viajes, Bonnie llegó antes de lo necesario al control de seguridad. Sacó la bomba de infusión de insulina extra de su equipaje de mano (para evitar la máquina de rayos X) y avisó al agente de seguridad de que tenía otra bomba de infusión y un sensor para el monitoreo continuo de la glucosa conectados a su cuerpo. Para evitar los escáneres, que pueden dañar sus equipos, pidió ser cacheada. Revisaron sus máquinas y buscaron en sus manos residuos de material explosivo. Ella sonrió, esperando hacerle frente a lo inesperado. Más tarde, a 38.000 pies, en medio de una turbulencia de esas que obligan a los asistentes de vuelo a sentarse, su nivel de azúcar en la sangre se volvió obstinadamente alto; la conexión entre su bomba de insulina y su brazo derecho necesitaba un cambio. En el estrecho espacio del asiento 38A, con su bufanda inteligentemente desplegada como una pantalla que le proporcionara privacidad, se movió de manera precisa y rápida en un avión que se sacudía violentamente, y cambió su conector. Durante todo este proceso, se mantuvo tranquila y decidida, sin perder en ningún momento el control de la situación. Su gloriosa sonrisa fue el signo de exclamación que indicaba que se las había podido arreglar. Que se había asegurado de tener mejores lecturas de azúcar. Que regresaría a salvo a su casa, con su familia. Que podría volver a hacerlo todo de nuevo, la próxima vez.

Dado que los tratamientos para la diabetes, la hipertensión, la depresión y otras afecciones crónicas son de por vida, las rutinas que exigen deben entretejerse en el día a día del paciente, entrelazándose con el tiempo que este dedica a la familia, los amigos, el trabajo, el ocio y la comunidad. Este entretejer, como el arte de los habilidosos trabajadores de los Andes, debe ser planeado pero flexible, y debe lograr representar los temas que se extienden a lo largo del tapiz. Al tejer, debe tener en cuenta detalles y desvíos y responder a nuevos desafíos y posibilidades que el artesano puede o no haber imaginado.

Los pacientes con enfermedades crónicas deben convertirse en maestros del autocuidado. Deben aprender a funcionar a dos velocidades. Por un lado, sus manos mueven el telar y los hilos de forma rápida y precisa, su trabajo es económico y eficiente, sin giros inútiles ni pasos innecesarios. Los patrones en la tela, por otro lado, solo se pueden apreciar después de muchas horas o días de trabajo. La conexión entre cada trama y el tapiz entero es difícil de adivinar si se mira brevemente o si se centra toda la atención en las manos. Con el tiempo, la calidad del trabajo y su significado emergen. El artesano permanece paciente, sereno, elegante. Una elegancia nacida de no desperdiciar energía, tiempo o atención. La elegancia de no tomar atajos, de ser cuidadoso, de respetar. De parar para revisar, deshacer y reiniciar si es necesario.

El trabajo de paciente puede ser una parte satisfactoria de la vida de una persona. Hay pequeños triunfos en descubrir cómo superar el día sin sentirse abatido por el cansancio o el dolor, cómo improvisar para responder a las sorpresas habituales, cómo parecer espontáneo gracias a una planificación meticulosa.

Hacer bien todo esto puede redefinir la salud cuando la enfermedad no es curable. Es un trabajo duro que se hace más difícil o más fácil dependiendo de la forma en que las organizaciones de salud fomentan los momentos de «conexión humana profunda». Dependiendo de su decisión de caminar en vez de correr. De su compromiso de conseguir la elegancia desde los márgenes, incluso a expensas del beneficio económico. De su capacidad para convencer a pacientes y médicos de crear, sin prisa, programas de tratamiento que aborden de manera sensata y factible la situación de cada paciente. Sin desperdicio ni prisas, el cuidado debe ser elegante.

Solidaridad

Mark Linzer es el médico jefe de medicina general del Hennepin County Medical Center, en Minneapolis, Minnesota. Este es un sistema de salud administrado por el condado y diseñado para satisfacer las necesidades de los enfermos, independientemente de su situación socioeconómica. Al llegar a Hennepin, el doctor Linzer se encontró con una clínica caótica, un lugar desastroso, un sitio con las paredes tapizadas de letreros descoloridos y notas escritas en pósits. Los pacientes se veían desasosegados, buscando alivio entre la neblina de barreras lingüísticas, el efecto de los analgésicos y la inquietante preocupación de que las calles de Minneapolis, tarde o temprano, terminarían con sus vidas. La desesperación se había apoderado del espíritu de las enfermeras y los médicos, dibujando en sus caras una indiferencia apresurada.

En los días de más trabajo, el personal miraba con recelo a los pacientes que estaban en la sala de espera, como si estuvieran organizando un ejército de ocupación, planeando un asedio, orquestando un ataque. Apenas unos meses antes, estos mismos profesionales habían empezado a trabajar en la clínica, motivados por servir a los desposeídos. Ahora, estaban extenuados y a punto de renunciar. Los administradores pensaban que la clínica no solo era caótica, sino también ineficiente. Sus modelos indicaban que los médicos podían atender a muchas más personas todavía.

El análisis hecho por el propio Mark mostraba que, al terminar el día, estos clínicos iban a casa a pasar horas completando la historia clínica electrónica y las tareas de documentación y facturación. Cansados como estaban, estos clínicos no podían dar más atención, cuidado o amor a un mayor número de pacientes. Mark se dio cuenta.

Entonces, él rompió la tendencia. Desaceleró el ritmo. Estabilizó los equipos. Alargó las visitas de los pacientes. Limpió las paredes y ordenó los espacios. Simplificó las políticas y ayudó a los gerentes a ver el tiempo que los médicos dedicaban a cuidar de los pacientes. Redujo el desperdicio causado por la confusión, la desconfianza y el ruido.

Y luego hizo algo más. Mark buscó a personas que estaban viviendo debajo de puentes, personas a las que su clínica esperaba atender, y habló directamente con ellas. No buscó interpretar sus palabras o llevar la «voz del cliente» a la clínica; más bien, dio voz a estas personas marginadas, como si les hubiera armado con un megáfono, para dejar de verlas como *ellos* y comenzar a verlas como *nosotros*. Para que pasaran de pertenecer a lo ajeno a formar parte de lo familiar. Tocó la guitarra en el bar local para recaudar fondos para su cuidado. Se preocupó por las personas, por las que daban cuidado y por las que lo necesitaban. La gente comenzó a sonreír un poco más. Los profesionales empezaron a hablar entre sí y a apoyarse unos a otros un poco más a menudo. La sala de espera siguió llena, pero la espera de los pacientes era ahora esperanzada. *Ellos*, convertidos ahora en *nosotros*, apoyaban a *nuestro* equipo. Todos se dieron cuenta.

A diferencia de Mark, para la medicina industrializada pesa más que se fijen en ella los inversionistas, las empresas que elaboran rankings y la prensa que las personas a las que debe ir dirigida la atención. Los folletos promocionales rara vez resaltan la capacidad de estas empresas de interesarse por los pacientes: su capacidad para dar una atención elegante y sin prisas en la cual los pacientes no son una imagen difusa; en la que clínicos y pacientes colaboran, y el cuidado es científico, regenerativo y altamente personal. Los pacientes, en los anuncios y en las notas de relaciones públicas cuidadosamente maquilladas, son el objeto de las proezas de la industria, su «interés humano» convertido en adorno utilitario. La medicina industrializada ve a los pacientes como un medio para alcanzar sus fines corporativos.

Pero Mark no actuó así. El doctor Linzer se dio cuenta de quiénes estaban ahí para cuidar de los pacientes, y se puso de su lado. Por supuesto, todavía no se habían formado formalmente los «bandos». Estos profesionales no eran completamente conscientes de que su noción de la medicina, la enfermería y el cuidado del paciente se enfrentaba a los objetivos y métodos de la medicina industrializada. Pero sí sabían que, cada vez más, su trabajo diario requería superar su propia desmoralización y ponerse del lado de sus pacientes. Mark se unió al personal en su lucha, en la lucha. A su manera, Mark les mostró la antítesis de la codicia.

Mark tenía la educación, la experiencia y la posición necesarias para sentirse responsable por los menos afortunados. Podía usar su influencia a favor de los débiles. Y tomó decisiones que les brindaban beneficios, no solo materiales sino también humanos. Sacó la clínica adelante sin amenazar a nadie con perder ingresos ni prometerles más ganancias. Recordó a los clínicos su vocación, compartiendo una visión de medicina cuidadosa y gentil. Les mostró cómo cada paciente es un camarada que sufre, y su equipo lo comprendió. Rechazaron referirse a los pacientes como *ellos*, como a una montaña de trabajo, como a un enemigo que asediara la clínica, como a un cliente que siempre tiene la razón o como a cajeros automáticos humanos. Por el contrario, reaprendieron a verse reflejados en cada uno de ellos. De esta forma, el doctor Linzer y su equipo hicieron un gran descubrimiento, uno que no se imprime en los folletos corporativos ni en los informes académicos: la solución no pasa por moderar la codicia. La solución requiere solidaridad.

La solidaridad es un rasgo humano obstinado. Tan terco como esos demonios que obligan a grupos de humanos a devaluar, subyugar, abusar y destruir a otros. En medio de los horrores que causamos, nuestro mejor yo encuentra el modo de cuidar de otros.

Fue necesario fundar March of Dimes, gracias a la enorme y humilde contribución de millones de personas, para financiar el desarrollo de la vacuna de Salk contra la polio. Cuando estuvo disponible, se ofreció gratuitamente a la industria farmacéutica para su fabricación y distribución. La Organización Mundial de la Salud, el Fondo de las Naciones Unidas para la Infancia (UNICEF), los Centros de Control de Enfermedades de los Estados Unidos, la Fundación Gates, el Club Rotario y otros organismos colaboraron para erradicar la polio del planeta. Mientras escribo esto, el mundo está a punto de declarar la erradicación global de la poliomielitis, incluida la parálisis infantil y el sufrimiento que la acompaña. Ni el afán de lucro, ni la competencia en el mercado, ni la promoción de la responsabilidad individual llevaron a este éxito. No hubiesen podido hacerlo. Fue la solidaridad la que impulsó el esfuerzo para erradicar la poliomielitis. En 2016, un artículo publicado en la revista *Forbes* cuestionaba cuánto dinero había perdido Salk al no haber patentado la vacuna, demostrando no haber entendido nada. Pero el mundo sí lo entendió. Y la humanidad está lista para hacerlo nuevamente, esta vez desarrollando lo que parece ser una vacuna efectiva para el virus del Ébola, para erradicarlo de Liberia y de otros países de África Occidental.

Una empresa de salud, al darse cuenta de la problemática particular con la que se enfrentan los pacientes del doctor Linzer, podría preguntarse cómo garantizar el acceso a la salud de los pacientes más conveniente para lograr resultados financieros. Sin embargo, la solidaridad se hace una pregunta distinta: ¿cómo podríamos colaborar con los pacientes y la comunidad para encontrar la mejor manera de usar los limitados recursos con los que contamos? La co-creación de esta visión con los pacientes es difícil. Los líderes, en las juntas de directivos y en las reuniones ejecutivas, deben prestar especial atención a los pacientes menos visibles, cuya voz está silenciada o que se enfrentan a circunstancias complejas. Debemos darnos cuenta de *ellos* y debemos convertir sú situación en *nuestra* situación.

Las grandes sumas de dinero son para los ejecutivos creativos, perspicaces y decisivos que tienen la tarea de hacer que la asistencia médica sea sostenible e innovadora. Pero no es creativo ni perspicaz deshacerse de los servicios menos rentables y excluir o poner en lista de espera a los pacientes cuya atención mengüe el balance financiero de la empresa. La decisión de excluir puede parecer fácil para quienes juzgan el desempeño de la empresa desde la óptica de la codicia, pero esa ya no es nuestra perspectiva. Porque la exclusión de cualquiera de nosotros es un problema que nos atañe.

La empatía no es suficiente para guiar la toma de decisiones acerca del cuidado del paciente. Los líderes en el campo de la medicina industrializada probablemente pueden expresar su empatía por los pacientes. Pero los enfermos siguen siendo *los otros*, y desde la seguridad de esa distancia dichos líderes pueden tomar decisiones «difíciles». La culpa del dolor que estas decisiones puedan causar recae en otros, a veces incluso en los que lo sufren. «La paciente no presentó el formulario correcto a tiempo.» «¿Por qué no pudo seguir nuestros protocolos?» «Acudir a la cita era su tarea, su única tarea.» Estas son declaraciones reales lanzadas a una mujer con poca formación académica que, con gran dignidad, cuidaba de su hijo discapacitado y de su madre anciana, y que hacía frente a sus deudas manteniendo dos trabajos mal pagados. Cuidé de ella, sabiendo que cuando viniera a nuestras citas lo haría con una gran sonrisa, ganadora y contagiosa, a pesar de que le faltaban varios dientes. En los días buenos, conectábamos. Su lucha se sentía como nuestra lucha. Sus lágrimas, como nuestras lágrimas. No había distancia. A través de la conversación, terminábamos compartiendo puntos de vista, análisis y perspectivas. El camino duro se hizo llevadero porque lo caminamos juntos, en sus zapatos. La empatía se hizo solidaridad. Y la solidaridad sonrió.

Las sonrisas son el quehacer de Sree Koka. Él es un prostodoncista que ayuda a las personas a comer, hablar y sonreír reemplazando dientes perdidos por prótesis dentales. Como parte del máster ejecutivo en gestión de negocios que Sree cursaba, los estudiantes debían hacer una presentación acerca del significado que encontraban en su trabajo. El delicado discurso de Sree, sin pretensiones, dejó que las imágenes de antes y después, hablaran por sí mismas. Cada sonrisa milagrosamente completa era un testimonio de destreza, trabajo en equipo y confianza: el final glorioso de un largo tratamiento. Aunque los compañeros de Sree en el máster del MIT (Instituto Tecnológico de Massachusetts) eran ya ejecutivos exitosos, respondieron a su presentación con envidia sana, reconociendo la importancia de su trabajo.

Con su flamante nuevo título bajo el brazo, Sree se mudó a la costa Oeste de Estados Unidos y abrió una clínica dental dedicada al cuidado de pacientes beneficiarios del generoso programa de asistencia social Medicaid de California. Gracias a la publicidad de boca en boca, los pacientes se enteraron de la existencia del doctor Koka y de su consultorio: el único prostodoncista en San Diego dispuesto a atender pacientes cubiertos por Medicaid. Después de haber sido atendidos, los pacientes regresaban al consultorio, pero no para mostrar su nueva sonrisa o contar historias sobre cómo ahora podían comer o hablar mejor. En vez de eso, un hombre agradeció al dentista por no juzgarlo cuando llegó por primera vez, con los dientes podridos por la adicción a las drogas. Una mujer quería que el médico supiera que, después de quince años, había reunido el coraje necesario para buscar empleo. Desde el umbral de la puerta, gritó «¡Estoy de vuelta en el mundo!». Sree me mostró la foto de esa mujer, cubriéndole la boca en las imágenes de antes y después. Sus ojos, y no sus dientes, contaban su historia. Sree sonrió cuando yo descubrí que sus ojos habían adquirido una confianza feliz. Paciente y médico estaban satisfechos, orgullosos el uno del otro.

El consultorio del Dr. Koka se enfrenta a las dificultades financieras de una empresa incipiente, pero sus profesionales se han comprometido a tener éxito priorizando la atención médica, evitando pruebas y tratamientos innecesarios –aunque sean estándar en otros lugares–, e incluso haciendo sus propias prótesis cuando es factible. Su objetivo es pagarse a sí mismos un salario suficiente, cercano al salario promedio que reciben los dentistas en Estados Unidos. Fundamentalmente, presupuestan una atención empática para cualquiera que la solicite.

Mark y Sree, por su educación, posición y virtudes personales, se dieron cuenta. Advirtieron la situación de sus pacientes, sus circunstancias personales. Tomaron conciencia de la situación de sus consultorios, sus profesionales y su capacidad para responder a las necesidades de los pacientes. Su enfoque deliberado –priorizar la atención y no subordinarse al dinero, viéndolo como un simple medio para ese fin– es suficientemente revolucionario. Su compromiso de servir a los silenciados y a los marginados los divorcia de la medicina industrializada. Debemos, como lo hicieron ellos, cuidar a los que están apartados, celebrar lo importante de sus vidas y hacer que su lucha sea también nuestra lucha. Nuestra revolución, alimentada por la solidaridad, debe abolir la indiferencia banal, la crueldad involuntaria y la codicia indiferente. Nuestra revolución del paciente no debe excluir a nadie. No debe dejar refugiados médicos, ni ciudadanos de segunda clase. Porque todas las vidas son valiosas. Y todas las sonrisas, preciosas.

Amor

Querido doctor:

Algo pasó en febrero. Desde entonces, las señales han sido claras: lo *único* que importa es el dinero. Me di cuenta por las dificultades que tuve para programar citas, para pedir análisis del laboratorio y para que me vieran especialistas. Los recordatorios de cita por carta estuvieron bien, pero no me gustó eso de que debería optar por continuar el seguimiento con mi médico de atención primaria en lugar de con usted –mi especialista–.

Cumplí 65 años en febrero. El cumpleaños me hizo sospechar de cada decisión que tomamos juntos. ¿Eran por mi bien, o solo el reflejo de las directivas que recibe para disuadir a los pacientes con Medicare de que sigan tratándose con usted? Pacientes con Medicare. Odio esa etiqueta. Como si Medicare fuese una enfermedad. Cumplir 65 me hizo una indeseable para las compañías de salud. Todo porque no han encontrado como hacer dinero atendiendo pacientes cuya atención la paga Medicare. Yo soy una de ellos. Yo arruiné la «combinación de pagadores» de su consultorio. Debería dar marcha atrás y buscar otra compañía de salud. Romper con usted. Buscar otro doctor.

Pero le quiero. Algunos políticos, en su propuestas de reformas, insisten en que las personas deberían poder quedarse con su médico. Yo creo que saben que algunas personas quieren a sus doctores.

¿Es amor? No es que yo dependa de usted, de sus habilidades, ni tampoco de que sea usted el que abre las puertas del cuidado que necesito. No es que esté enamorada de usted, como en una transferencia freudiana, y que no pueda vivir sin usted.

Es que le quiero. No solamente por su capacidad, sino porque siento que me ve, que me nota. Que ve mi mundo y es testigo de cómo lucho en él. Que me escucha sin juzgarme. Que imagina mi cuidado como parte del drama de mi vida, no en la versión simplificada de otros doctores que me han tratado y que sus «prácticas óptimas» asumen. Y no se trata de cortesía profesional o comunicación ensayada. Es que usted, doctor, también me quiere. Mostrando preocupación y angustia cuando las cosas no salen bien. Utilizando toda su experiencia y conocimiento para encontrar otro enfoque para mi situación, uno que se ajuste a mí. Cuando las cosas cambiaron, en febrero, me di cuenta de que no seguía la corriente. Mostraba discretamente su repudio por las cartas de pagos, por las señales de «primero el dinero» que buscaban corromper nuestra comunicación y reducirla a una simple transacción. Aprecié particularmente su promesa de atenderme pasase lo que pasase, con Medicare o como fuera.

Debo admitir que, en mi cinismo, pensé que sus promesas eran vacías hasta que me dio su número de teléfono móvil, y me prometió contestar mis llamadas a la hora que fuera.

Gracias por quererme de vuelta,

Su paciente.

Tal vez.

He sido médico de diabetes durante diez años y he tenido el privilegio de estar al lado de mis pacientes durante veinte. En todo ese tiempo, ninguno me ha dicho «te quiero».

La diabetes tipo 2 es una condición crónica que a menudo no presenta síntomas. No opero, rara vez alivio y casi nunca curo. En contraste con mis colegas que curan el hipertiroidismo y los tumores de la glándula pituitaria, mis pacientes no me ofrecen regalos ni tarjetas de Navidad. Nuestra rutina es: no coma en exceso, sea más activo, tome los medicamentos y nos vemos el próximo año. Porque el año que viene todavía tendrán diabetes. Quizás el amor necesite drama y tragedia, y estos elementos son cada vez más raros, afortunadamente, en mi consultorio. El resultado: no hay amor para el doctor Montori.

Tal vez.

Yo he sentido, un millón de veces, el respeto de mis pacientes, su preocupación por mi bienestar y me han regalado su sentido del humor. Es paradójico: vienen buscando atención médica, pero a menudo comienzan nuestros encuentros preguntando por mí y por los míos. ¿Cómo está su padre? ¿Siguen nadando los niños? Parece cansado, ¿descansa lo suficiente? No es solo una charla ligera y amable. Rara vez hablamos sobre el tiempo, un gran tema dada la inconstancia del clima en Minnesota. Ellos acuden en busca de atención médica, pero su primera frase es una calmada muestra de afecto. Sus preguntas me dicen que escucharon mis respuestas y las retuvieron en el intervalo de tres o seis meses desde su última visita. Estas son personas enfermas que participan en visitas breves y, sin embargo, optan por invertir unos minutos preciosos en cuidar de mí. Perdonan rápidamente mis errores y mis retrasos. Escuchan pacientemente mis historias. Es como si me quisieran a mí, a su médico.

Tal vez.

Mis pacientes no saben que hay muchos días en los que preferiría no verlos. Puede ser porque hago otras cosas que a menudo son emocionantes e interesantes. Trabajar con mi equipo de investigación suele ser divertido, desafiante e importante. Mis pacientes no saben que en los días en que me resisto a verlos me siento lento, como si estuviera corriendo en una piscina llena de lodo que me llega hasta el muslo. Me siento culpable, privilegiado y algo avergonzado cuando veo sus códigos postales. Cinco, siete, incluso diez horas conduciendo sus autos y su única cita es conmigo. Es en esos días cuando se ganan mi corazón y mi mente. Abren mi alma y finalmente podemos vernos el uno al otro: cuando es más difícil para mí, es precisamente cuando puedo notar lo difícil que debe de ser cada día para ellos. Conectamos.

Rodeados por este amor, nos entendemos, resolvemos problemas, nos reímos mucho y también lloramos un poco. Mis estudiantes se estresan cuando surgen estas emociones y se alargan las visitas. Después de todo, ellos eligieron la endocrinología porque su práctica implica el entendimiento detallado de los elegantes mecanismos que gobiernan los niveles hormonales y de los números objetivos que los representan. ¡No hay que llorar por un nivel elevado de HbA1c! La biología ofrece una ilusión de sencillez que se desvanece con cada paciente, ya que ella sola no puede representar suficientemente la situación de cada uno de ellos. De alguna manera, los estudiantes no aprenden esta lección. La ilusión persiste y afecta a como ellos tratan a sus pacientes. Sin embargo, cuando el cuidado está basado en el amor, las lágrimas llegan. Los pacientes y yo sabemos que estas relaciones de amor ayudan a sobreponerse de un contratiempo, a recuperar la perspectiva o la esperanza, y a replantear una meta con compasión y perdonándose a uno mismo. Sabemos que el amor cura.

Al final de estos días en los que al inicio participo de mala gana, con frecuencia me siento recargado de energía. Vuelvo a casa con historias para compartir. Me siento querido y, tal vez, mis pacientes sienten que también los quiero.

Como parte de mi labor de investigación, he visto cientos de vídeos de visitas clínicas. Muestran a pacientes y médicos de atención primaria y especializada, en el hospital y en salas de urgencias. Estos vídeos me han demostrado que mi experiencia no es única ni rutinaria. Pocos de mis colegas o sus pacientes se ríen o lloran en los encuentros que hemos grabado, pero algunos lo hacen. Se ríen de sí mismos, hacen una pequeña broma para distender el ambiente o para evitar llorar. Sus consultas se asemejan a una dulce danza: el aire entre ellos se llena de conexiones invisibles, hechas y disueltas mientras aprenden a estar juntos y a cuidar uno del otro.

La magia y el amor que empoderan a los enfermos y alimentan milagrosamente a quien los cura están vivos y fuertes, pero en peligro de extinción. Están siendo desplazados por la fuerza de la eficiencia; luchan por emerger entre la técnica y la jerga de las visitas médicas. «¿Cómo puedo ayudarle?» El paciente empieza su historia. Once segundos después, el silencioso lenguaje corporal del médico lo interrumpe. Con los ojos fijos en el ordenador, el médico teclea. El paciente se pregunta si se le podrá interrumpir. El médico pregunta, esperando respuestas breves. Teclea más. No hay contacto visual. El paciente trata de volver a conectarse, pero el médico no capta su gesto. «Ya veo», dice. Tras realizar un examen puntual, enumera los pasos que deberá seguir. «En la recepción le programarán una cita de seguimiento. ¿Alguna pregunta?» 3... 2... 1... «Bien. No dude en ponerse en contacto con el enfermero si tiene algún problema. Ah, y complete por favor la encuesta de satisfacción.»

Estos vídeos muestran a clínicos y pacientes luchando torpemente por poder demostrar o recibir amor. El fracaso en esta lucha tiene consecuencias. Posiblemente los clínicos sean menos capaces de entender la situación del paciente. Es decir, de ver al paciente en alta definición. Sin amor, el paciente con niveles muy altos de azúcar en la sangre no dirá que perdió su trabajo y no pudo pagar sus medicamentos. Sin esta confesión quizás vergonzosa, el médico diagnosticará incorrectamente el problema como diabetes no controlada y ofrecerá un tratamiento todavía más intensivo y costoso. Sin tiempo para reunir el coraje de preguntar, aclarar o corregir, el paciente se irá a casa con otra receta, y otra frustración. Con sus problemas sin resolver, seguramente buscará atención médica en otro lugar.

A estos clínicos les puede resultar difícil ver el valor de su trabajo. Pasan el día realizando tareas administrativas sin sentido que ocupan todo su tiempo, haciendo siempre más pero nunca lo suficiente, y estresados por la presión irracional de tener que brindar una atención «perfecta» y «eficiente». Casi la mitad de los médicos de Estados Unidos trabajan estando agotados, desmotivados, siendo ya incapaces de interesarse por sus pacientes. Cuando los médicos se sienten agotados, es más probable que reduzcan la fracción de su tiempo que pasan viendo pacientes, busquen otras ocupaciones y, finalmente, abandonen la práctica médica.

Los clínicos y los pacientes aprenden rápidamente que el tiempo es esencial, que la conversación debe ir directamente al grano, y que hay preguntas y preocupaciones que deberán esperar. La documentación y el cuidado incentivado por el pagador generan dinero. La risa y el llanto, no. Aprenden a sacar el máximo provecho de estas consultas médicas transaccionales, ya que las presiones de eficiencia llenan el espacio, lo que evita que se formen conexiones nuevas y duraderas.

¿Cómo está su padre? ¿Siguen nadando los niños? Parece cansada. ¿Descansa lo suficiente?, pregunta el médico recordando las preocupaciones que la paciente tenía hace tres meses. A la paciente le gusta que su médico se acuerde. Se siente escuchada, vista. Se forman nuevas conexiones invisibles, y otras se fortalecen. No está segura de si debe decirle esto a su médico, pero tiene problemas con su hijo mayor. El doctor se inclina hacia adelante, escuchando. Ella baja la mirada y la voz. Él le toca la mano. El amor, y no el tiempo, es lo esencial. Su hijo tiene problemas. Tal vez sus niveles de azúcar han subido porque está muy preocupada. «Siga contándome.» El médico escucha, se preocupa, y quiere.

Tal vez.

Amanda

Ella estaba en la veintena. Yo también. Pobre. Sola. Era una enferma terminal debido a una infección curable. Sus pulmones destruidos por la indiferencia, la pobreza y la tuberculosis. No recuerdo exactamente qué hora era, pero ya no había nadie más en la sala del hospital. ¿Tal vez fuera al atardecer? Bajo techos muy altos, los rayos del sol desinfectaban la sala. Ella se encontraba postrada, respirando, en la última de las quince camas.

No había una mascarilla para mí. Teníamos también eso en común: un sistema que tampoco demostraba amor por mí, dejándome vulnerable al mismo microbio que la estaba matando. En fin. Yo era Superman: bien nutrido e inmortal.

Nadie más a nuestro alrededor. Dificultad para respirar. Un poco de oxígeno por la nariz no era suficiente. Habíamos construido una mascarilla con una botella de plástico: dos agujeros cubiertos con pedazos de un guante de látex. Esto la ayudaba a respirar con más facilidad, pero no tanto como le hubiesen ayudado la morfina o los sedantes que no teníamos. Solo la cálida luz del sol, bañando la sala, nos daba cierta paz. Silencio.

No recuerdo su nombre.

No recuerdo haber podido hacer mucho por ella. No había nadie más en la sala, salvo los otros quince pacientes en distintos estados de desesperación. Amanda, llamémosla Amanda, era quien se encontraba más desesperada. Sola. Con dificultades para respirar.

Estiré mi mano buscando la suya, y ella la tomó. Sus ojos buscaron los míos. Yo, sin saber qué más hacer.

(No te sientes en la cama del paciente…)

(¡Al carajo!)

Me senté frente a ella. Sostuve su mano. Una lágrima o dos en sus mejillas. Yo sin nada que ofrecer. Alzó su brazo derecho hacia mí y volcó su cuerpo sobre su lado izquierdo. Ella se estaba moviendo hacia mí. Giré y me senté a su lado. Deslicé mi brazo detrás de su espalda. La sostuve cerca mientras se sentaba un poquito mejor.

(Ojalá que así respire mejor…).

Apenas respiraba. Se estaba muriendo en mis brazos por falta de justicia.

Creo que le conté algunas historias. Dije algo, o quizás no me salió ninguna palabra. Sus ojos también dijeron algo, pero, cansados, se cerraron. Yo también cerré los míos, creo. Yo lo sabía. Creo que ella, calmada, también lo sabía.

Se estaba muriendo en mis brazos.

La abracé fuertemente. Sentí que mi respiración se acompasaba con la suya, como los pasos de una pareja de ancianos caminando al mismo ritmo cuando dan un paseo largo e íntimo. Sus ojos se abrieron por última vez. Era demasiado joven para parar. Demasiado joven para parar. La sentí irse. Dejarnos. Le llegó la muerte. Pero no estuvo sola.

¿Sintió amor?

Me separé de su delgado cuerpo, asegurándome de que su cabeza descansara suavemente sobre la almohada. Cubrí aquella injusticia con sábanas injustificadamente blancas. Me quedé de pie, solo. Sin percatarme de que otros pacientes, los que podían hacerlo, habían estado observando respetuosamente desde sus camas. La mujer mayor de la cama contigua, la 14, me tendió la mano y buscó mi mirada con una sonrisa serena. Tomó mi mano entre las suyas, aplacando mi rabia. Me senté a su lado y ambos lloramos durante un momento, juntos. No recuerdo su nombre.

Integridad

En 1991, el médico canadiense Gordon Guyatt se hizo cargo de la formación de médicos en la especialidad de medicina interna en la Universidad de McMaster. Al comenzar a desempeñar su cargo, tomó dos decisiones clave. La primera fue promover la enseñanza y el aprendizaje de la medicina basada en la evidencia. Este tipo de medicina requiere tomar en cuenta los resultados de la mejor investigación científica disponible. Esta idea, ahora simple y obvia, transformó la educación e investigación médicas, y cambió la atención al paciente en el mundo entero.

La segunda decisión que Guyatt tomó fue prohibir a los representantes farmacéuticos interactuar con los médicos en formación. Para él, la industria farmacéutica vendía productos, y no educación. En su momento, estas dos decisiones fueron muy polémicas y le costaron a Guyatt el apoyo y la amistad de muchos colegas. Sin embargo, eran coherentes y aseguraban que los pacientes fueran atendidos a partir de la evidencia científica, y no de conversaciones mantenidas durante comidas y viajes con vendedores persuasivos. Los estudiantes de Guyatt pudieron tener una formación en medicina sin las contradicciones entre la ciencia y el dinero, y apreciar y aprender el valor de su integridad.

En el 2002, atraído por su trabajo pionero, me integré en el grupo de Guyatt. Durante los dos años siguientes, aprendí cómo hacer investigación bajo su tutela. Cuando regresé a la Clínica

Mayo, inicié un programa de investigación en medicina basada en la evidencia: la Unidad KER. Al principio, hice planes para conseguir financiación de fundaciones caritativas, agencias gubernamentales y empresas. Mi empleador, la Clínica Mayo, fomenta la colaboración entre programas académicos de investigación y empresas biomédicas. Para proteger a la ciencia, a los científicos y a la institución, la clínica tiene reglas estrictas para manejar los posibles conflictos de intereses. Con estos estímulos y protecciones, podíamos obtener fondos de empresas con ánimo de lucro, pero ¿debíamos hacerlo?

El trabajo de la Unidad KER tiene como objetivo ayudar a clínicos y pacientes a tomar mejores decisiones sobre cuidados y tratamientos. Muchos estudios han demostrado repetidamente que la financiación corporativa está fuertemente asociada con investigaciones cuyos resultados sistemáticamente favorecen al patrocinador. Debido a la forma en que el dinero puede influir en los clínicos, y en todos los demás profesionales implicados, las empresas financian generosamente a investigadores, instituciones, clínicos considerados como líderes de opinión y asociaciones de pacientes. Ingenuamente, los investigadores dedicados a realizar nuevos descubrimientos y a la claridad a menudo consideran que ellos y su labor científica están por encima de la influencia del dinero. Sin embargo, la mera presencia de fondos corporativos podría ofrecer otra explicación para los resultados de nuestra investigación, y para las recomendaciones que hacemos ahora y en el futuro, incluso si el dinero no tuvo (o eso creemos) influencia en nosotros o en nuestro trabajo.

Como parte integral de nuestro compromiso para mejorar la atención del paciente a través de la investigación, nuestra unidad tomó la decisión de priorizar la confiabilidad de nuestro trabajo. En defensa de esta integridad, los investigadores de la Unidad KER decidieron no aceptar nunca fondos de empresas privadas con ánimo de lucro. Esta independencia nos ha permitido investigar y denunciar el efecto corruptor de los fondos corporativos tanto en la investigación como en la atención clínica. Esta política también da coherencia a nuestro trabajo, discurso y vida académica. Como cualquier cosa difícil de hacer, pero que vale la pena, nuestro compromiso con la integridad en la forma en que nos financiamos y llevamos a cabo nuestra investigación es afirmar nuestra identidad y es un motivo de orgullo para nosotros.

Llegados a este punto, debemos discutir la incoherencia entre los valores y las prácticas profesionales, la contradicción entre la misión y las políticas, y las explicaciones alternativas que destruyen la confianza. La pérdida de integridad puede ser el pecado original que termine corrompiendo y alejando a la medicina de su misión fundamental: cuidar del paciente. La pérdida de integridad –junto con la incoherencia y las contradicciones– abundan en la medicina industrializada. Los líderes deben trabajar duro para situarse en el pivote de una balanza, armonizando objetivos en conflicto y encontrando congruencia entre ellos. En cambio, a menudo saltan esa balanza renunciando a lo que es *ideal*, con la esperanza de que lo más *práctico* funcione igual de bien. Sin embargo, cuando lo más *práctico* manda, resulta que lo *ideal* es demasiado costoso, poco práctico e inadecuado para enfrentar los desafíos de un panorama cambiante en el mercado de la salud. Debemos adaptarnos, dice lo expeditivo, comprometiéndonos hasta que ya no podamos reconocernos a nosotros mismos o ya no podamos recordar por qué iniciamos una carrera en medicina. Esas razones se quedan ahí, acumulando polvo en el libro sobre lo *ideal*. La consecuencia involuntaria es la erosión del sentido de coherencia entre el contexto del cuidado del paciente y el cuidado mismo.

La incoherencia y los insultos a la integridad son devastadores para los profesionales en la primera línea de atención al paciente, y para aquellos que deben confiar en ellos para sanar. Estoy convencido de que ambos factores contribuyen significativamente a la desafección de los médicos, y a la frustración y el abandono de la práctica clínica. «Brindar» atención incesantemente, de forma continua e instantánea, mientras que al mismo tiempo se atienden las demandas de documentación y facturación, es una experiencia aplastante. Igualmente lo es el sistema que asigna la mitad del tiempo de una cita médica a satisfacer demandas administrativas. Este sistema deja muy poco tiempo para comprender la situación de cada paciente, para prescribir solamente las pruebas necesarias y para considerar cuidadosamente qué aspectos de la situación del paciente exigen acción y qué acción debe tomarse. En cambio, solicitamos pruebas y tratamientos de acuerdo con lo que se recomienda para personas *como este paciente.* Hacemos lo que sea necesario para cumplir con los estándares de calidad aceptados públicamente, y para cobrar bonificaciones para nosotros mismos. Esto crea un sentimiento insidioso de corrupción en la misión misma: mucha medicina, pero poco cuidado del paciente.

Los pacientes entienden que sus médicos están ahora sujetos a presiones para aumentar la demanda de herramientas y servicios costosos: el nuevo cirujano (ya sea el robot o el médico glamuroso que lo usa), la nueva máquina para obtener imágenes o la nueva ala del hospital. «Pregúntele a su médico si necesita este servicio», dice la campaña Choosing Wisely,[6] instando a los pacientes a jugar a la defensiva y evitar pruebas y tratamientos innecesarios en lugar de confiar en la integridad de sus médicos. La pérdida de confianza en los clínicos y en lo que motiva sus recomendaciones reduce la eficacia de sus intervenciones y el bienestar que los pacientes debieran obtener de sus cuidados. Además, incrementa el trabajo del paciente, quien ahora debe buscar segundas opiniones o informarse sobre acciones legales o administrativas.

La atención médica de este tipo enfrenta la autonomía del consumidor a la integridad del clínico. Los pacientes, aceptando la idea de que son consumidores en un mercado en el que el comercial exige «pregúntele a su médico», demandan tratamientos que no necesitan. El cumplimiento de estas demandas, reforzado por las recompensas financieras vinculadas a las encuestas de satisfacción, ofende el sentido médico de lo que es correcto para el paciente, e interfiere en el diseño cuidadoso de la atención para este paciente, y no para el comercial.

[6] Choosing Wisely es una campaña internacional nacida en Estados Unidos para reducir el uso de pruebas diagnósticas y tratamientos de muy bajo o ningún valor para el paciente de acuerdo con el juicio de las sociedades médicas pertinentes.

La atención médica de baja integridad enfrenta el espíritu empresarial del clínico a la vulnerabilidad del paciente. La publicidad y la promoción de pruebas, procedimientos y tratamientos de valor desconocido o poco claro que se realizan con tal de asegurar ganancias conectan la práctica clínica con la práctica medieval del vendedor de sebo de culebra. Esto incluye al oncólogo que «no se rendirá» mientras pueda lucrarse administrando una sesión más de quimioterapia en su clínica, al cirujano que se ofrece a extraer robóticamente el útero de una mujer asintomática y a la unidad móvil de cardiología en la que los pacientes reciben indiscriminadamente ecografías carotideas que «revelan» que ahora es necesario derivarlos al nuevo centro vascular para una «evaluación completa». La infravaloración de la integridad médica deteriora la confianza y reduce el sentimiento de valía de las personas que se dedican a la medicina y sus instituciones. Se deforma la práctica congruente de la medicina: en el mejor de los casos, hace que la atención sea incoherente; en el peor, el cuidado desaparece.

Mientras nos mantenemos firmes en el pivote de la balanza, la integridad nos ayuda a descubrir cómo aprovechar lo práctico para realzar lo importante, cómo resistir las fuerzas que nos obligan a rendirnos y aceptar lo expeditivo. Echando la vista atrás, creo que esto lo aprendí en mi infancia, en casa. La vida de mi padre cambió dramáticamente en julio de 1980. La democracia había regresado a Perú después de doce años de gobierno militar. El nuevo presidente electo le había pedido a mi padre que abandonara su vida privada y presidiera la compañía petrolera nacional. Mi padre aceptó el desafío, pero pareció envejecer de la noche a la mañana. Los operadores y consultores internacionales de petróleo querían obtener contratos lucrativos. Los políticos presionaron a mi padre para que colocara a sus familiares como empleados de la compañía. Supervisores y empleados, hombres sin un sentido de propósito o logro personal, sabotearon pasivamente cualquier reforma.

Ese año, cuando se acercaba la Navidad, la base de nuestro árbol comenzó a desaparecer detrás de pilas de regalos enormes.

Muchos de estos eran cajas de cartón sin envoltura, con una tarjeta de negocios adjunta. Algunas contenían arte original y otras, caros licores importados. También llegó un gran baúl de madera con el nombre de mi padre grabado en el costado y lleno de botellas exclusivas. Yo estaba fascinado con estos regalos. Mi papá, no. Llegaba tarde por la noche, daba vueltas alrededor del árbol y se ponía de acuerdo con mi madre para devolver todos estos regalos. «Están tratando de comprarme.»

Después de dos años, dejó el cargo. Su esfuerzo unilateral por defender su propia integridad y la de la empresa al resistir la seducción de los regalos e incentivos y las asfixiantes presiones de poderosos sectores, le costó la mayoría de sus «amigos» y, gracias a los procesos políticos y judiciales corruptos, su libertad. La traición y la prisión le hicieron sufrir tremendamente, pero nunca se arrepintió. Aprendí con los años que él era todo esto: sus acciones, sus prácticas, sus convicciones y sus principios, todo en una unidad consistente. Décadas más tarde, su integridad perdura, importa profundamente y es el estándar al que aspiro.

Si las experiencias de mi padre o de Gordon Guyatt son típicas, actuar con integridad, en contradicción con la medicina industrializada, será una tarea urgente, dolorosa, solitaria y gratificante. La rebelión de los pacientes debe trabajar arduamente para fomentar la protección y la promoción de la integridad personal e institucional. La integridad es la fuerza gravitacional que mantiene la honestidad de los clínicos que cuidan de los pacientes, quienes a su vez responden con confianza o, incluso, con amor. Debemos socavar los insultos estructurales y operacionales a la integridad, promoviendo, a través del diálogo abierto, un sentido de lo que es fundamentalmente verdadero acerca del cuidado del paciente. Debemos promover el trabajo coherente y la confianza mutua. Al buscar la integridad, la revolución encontrará un punto de referencia común y universal desde el cual fomentar la atención al paciente sin contradicciones.

Tercera parte

Atemporalidad

Minutos junto a la cama de un paciente moribundo y su familia.

Minutos terminando la facturación.

Minutos descubriendo que un paciente se administra las inyecciones de insulina a escondidas en el trabajo porque su jefe se opone al uso de agujas.

Minutos completando la capacitación médica requerida para mejorar los indicadores de satisfacción del paciente.

Minutos escuchando en silencio a un paciente en duelo por la pérdida de su hijo mayor, que nos cuenta cuánto extraña su sonrisa, atormentado por la duda y la culpa.

Minutos en los que los clínicos discuten casos y sentimientos difíciles con sus colegas.

Minutos que los médicos reservan para reflexionar, leer e investigar.

Minutos en silencio para escuchar a los pacientes y para cocrear cuidadosamente sus planes de tratamiento.

Minutos elegantes y sin prisas.

Minutos de cuidado de calidad en los que el tiempo se detiene y se hace más profundo y denso.

Cuando el tiempo es dinero, los minutos son todos iguales o, lo que es peor, los minutos que producen dinero importan más y desplazan a los otros. Cuando los minutos rentables tienen prioridad, el agotamiento de los otros minutos, los más valiosos, los que realmente son importantes para los pacientes y para los clínicos, empobrece la atención. Debido a la manera en que las compañías de salud ganan dinero y a la forma en que se les paga por «brindar atención médica», sus resultados dependen de cómo se use el tiempo. Su enfoque centrado en el valor –la encarnación contemporánea de la eficiencia: cuántos resultados deseables pueden obtenerse por cada unidad de recursos gastados– hace del tiempo un recurso para alcanzar resultados recompensados con dinero. El tiempo se convierte en dinero.

La rebelión de los pacientes debe rechazar la idea de que el tiempo es dinero. De que un minuto, como un dólar, se puede intercambiar fácilmente por otro. De que todos los minutos tienen un valor similar y de que brindar el mismo servicio más rápidamente es siempre lo más eficiente. El tiempo no es dinero. La profundidad del tiempo es la divisa con la que se paga el cuidado.

A menudo acumulo retrasos cuando estoy en la clínica. En la recepción y en la sala de espera el tiempo sigue avanzando inexorablemente. Sin embargo, en algunas de mis citas el tiempo fluye de modo diferente. Esto suele ocurrir cuando los pacientes y yo nos contamos historias sobre lo dulce y lo divertido que hay en lo cotidiano y lo trivial; reímos, lloramos y nos relacionamos con los eventos del otro; construimos grandes teorías del mundo; descubrimos miedos y gustos comunes. Cuando estamos juntos, es como si se aplicaran nuevas leyes de la física. En estos momentos, la experiencia de alguna manera se deslinda del tiempo que debe consumirse en tenerla. En lugar de avanzar, el tiempo se hace más denso. En su centro, el paciente y el clínico se perciben uno al otro y, en el momento adecuado, surgen las posibilidades de cuidado. Existe cierta atemporalidad en el cuidado del paciente.

No siempre se necesita más tiempo. Muchos clínicos saben que una llamada telefónica breve puede aclarar, tranquilizar o cambiar una rutina de autocuidado para que esta sea menos frustrante. Muchos también pueden describir alguna visita de una hora en la que, hacia el final, se produjo un avance que estableció un curso favorable para los meses subsiguientes. Al igual que la brevedad puede ser cruel para los pacientes y los médicos que necesitan más tiempo y tiempo más profundo, también es cruel desperdiciar el tiempo de los pacientes siendo lento y laborioso, o requiriendo una visita cara a cara cuando un breve intercambio de mensajes de texto sería suficiente. La clave es que el tiempo para cuidar del paciente no debe ser invariable, sino intemporal. No debe ser infinito, pero sí relativamente independiente de los horarios que otros establecen. Ya sea un minuto o una hora, que el cuidado dure lo que necesite durar. Una visita o diez años. Nunca debe tomar ni más ni menos de lo necesario. Porque un minuto no es un minuto no es un minuto.[7] Solamente aquellos en la primera línea de la atención al paciente pueden saber cuánto tiempo necesitan para resolver un problema complejo. Dentro de las inevitables limitaciones que existen para cuidar de todos aquellos que necesitan cuidado, es fundamental darles a los clínicos y los pacientes la oportunidad de decidir la duración y profundidad de sus encuentros.

Las organizaciones de atención al paciente deben dominar un truco: disponer de tiempo para el cuidado. Para lograr esto, debemos tratar el tiempo que los pacientes y los médicos pasan juntos como algo sagrado. Debemos exigir razones de peso antes de permitir que algo interrumpa rutinariamente el encuentro, en particular las tecnologías que buscan llamar la atención golpeando su lata contra las barras de la celda informática rogando que se introduzcan más datos. Debemos diseñar la manera de ahorrar tiempo para usarlo en la atención al paciente, eliminando todo aquello que distrae, automatizando y eliminando del primer plano las actividades subordinadas que pertenecen al fondo sigiloso de la escena. Una vez ahí, estas actividades no deben surgir para sorprender o distraernos.

Los innovadores deben obsesionarse con eliminar las fricciones industriales de la medicina que interfieren con el trabajo que

[7] Esta frase hace referencia a un famoso verso de la poeta norteamericana Gertrude Stein «A rose is a rose is a rose» (una rosa es una rosa es una rosa), frecuentemente citado como ejemplo poético de axioma de identidad: cualquier cantidad u objeto es igual a sí mismo.

pacientes y médicos realizan juntos. La tecnología puede ayudar a resolver problemas complejos de atención facilitando, en vez de obstaculizando, las relaciones humanas productivas. ¿Quién, por ejemplo, conoce los datos, sistemas, procedimientos, estándares y algoritmos que se necesitan para criar a un niño de manera eficiente y confiable, para que llegue a ser un ser humano decente? Sería descabellado e inútil buscar resultados consistentes. Criar a cada niño, en cambio, es una aventura de improvisación y jazz, llena de ingenio y admiración, juicio y humildad. Me deleito con la encantadora alquimia que convirtió a mis tres hijos en jóvenes maravillosos, de maneras muy diferentes. Como familia trabajamos las dificultades, nos recuperamos y lo intentamos de nuevo, los contratiempos se hacen manejables gracias a nuestros lazos personales. La expectativa en la crianza de los hijos o en el cuidado del paciente no puede ser la fiabilidad industrial sino la resiliencia. Esta resiliencia surge de la calidad de nuestras relaciones. Y fomentar relaciones resistentes capaces de generar cuidado requiere tiempo.

Lejos de responder a las demandas de atención, los horarios rígidos son una prueba de la equivalencia ficticia de los minutos. La cita puede estar programada para durar un cierto número de minutos, pero no puede asignar la profundidad de esos minutos, las brazas de tiempo que el paciente y el clínico deben de pasar juntos. La duración marcada para estas visitas no responde a la realidad, ya que algunos de esos minutos se emplearán completando los procedimientos y documentación requeridos, la mayoría sin conexión alguna con la agenda del paciente. Los pacientes más proactivos, en un intento de dar prioridad a su agenda, puede que empiecen la partida con una jugada de apertura, pero el médico, presionado por el tiempo, interrumpirá y asumirá el control. Independientemente de si la agenda asigna 10, 15 o 20 minutos, la poca profundidad de estos minutos hace que los médicos se sientan privados de tiempo para cuidar del paciente. Si en una campaña unilateral en defensa del tiempo profundo el clínico eligiese no interrumpir, inclinarse hacia el paciente para escucharlo y comprenderlo, e ignorar las demandas de documentación y facturación, el encuentro podría sobrepasar la duración programada. La clínica se atrasaría. La satisfacción de cuidar bien de ese paciente se enfrentaría a la decepción del próximo, harto ya de esperar, y al malestar del personal de la clínica que, gracias al «médico lento», ahora llega tarde a cenar. Ofrecer una atención atemporal necesita más que la sola iniciativa de los pacientes o la indisciplina de los médicos.

Cuando viajo dando conferencias sobre el cuidado del paciente, la preocupación principal de los médicos es la brevedad del encuentro clínico, el ajetreo de su agenda. Cuando pregunto quién establece la duración de estos encuentros, el silencio que sigue se rompe solamente con alguna variación de la palabra *gerencia.* Hay una ecuación que determina la duración del encuentro según la cantidad de pacientes que solicitan atención, el número de médicos disponibles y la cantidad de minutos en una jornada laboral. Los resultados se modifican para alcanzar los objetivos económicos del consultorio o de la organización, subordinando la duración del encuentro clínico a estos objetivos. Esta ecuación es errónea. En lugar de organizar la atención para optimizar los ingresos de una práctica, la organización debería invertir sus ingresos para optimizar su capacidad de atender.

Los líderes pueden comenzar por invertir el organigrama de la responsabilidad, haciendo que los administradores y gerentes no sean responsables ante los pagadores e inversionistas, sino ante los clínicos y pacientes. Deben reinventar y rediseñar sus sistemas para revertir el flujo de recursos, para impedir que se establezcan como norma encuentros breves y poco profundos, solo para poder alimentar a parásitos que se lucran insaciablemente. El tiempo no es dinero. La profundidad del tiempo es la divisa que sufraga el cuidado del paciente. Las innovaciones que dan fluidez e indulgencia al calendario de atención pueden ofrecer nuevas formas de colaboración entre pacientes y clínicos, y reducir el número de tareas que estos últimos deben realizar a la vez. Estas innovaciones podrían priorizar tiempo para cuidar bien al paciente, y reflejarían cuánto valora la organización la atención elegante. Una atención correcta, desde la primera vez y siempre que se brinde, debe reducir la necesidad de visitas subsiguientes. Esta reducción en la demanda debe a su vez permitir horarios que promuevan el cuidado sin reducir el acceso oportuno a este. Los innovadores deben obsesionarse por eliminar las fricciones industriales de la medicina, dejando que el tiempo se vuelva más denso, más profundo y respetuoso. Dejar que la atención suceda.

Reconozco que es difícil obtener a la vez acceso a la atención médica cuando es preciso obtenerla y atención médica de alta calidad. Pero tenemos que intentarlo. El acceso a una atención deficiente puede hacer más mal que bien, y puede socavar la confianza en la medicina. Que la atención de alta calidad sea inaccesible es violentamente injusto, y desmoraliza tanto a los clínicos como a pacientes. La reducción del desperdicio –en particular del desperdicio administrativo– y del lucro pueden poner a disposición recursos adicionales para gestionar el balance entre el acceso y la calidad de la atención. Sin embargo, al mejorar la eficiencia, debemos respetar el tiempo para cuidar: un minuto no es un minuto no es un minuto. No todas las eficiencias se pueden lograr sin dañar la atención. La prisa –hacer mucho en poco tiempo– puede «brindar atención» en poco tiempo, una estadística de productividad favorable, pero sin valor para el paciente o el médico si dicha atención no es efectiva. La clínica eficiente es elegante, no barata.

La eficiencia de la medicina es importante, pero lo más importante es lograr la eficiencia en el trabajo que deben hacer los pacientes. El tiempo, la energía y la atención del paciente son especialmente escasos y debemos respetarlos con gentileza. Debemos esforzarnos por garantizar que el acceso y el uso de la atención médica causen la menor interrupción posible en la vida del paciente. En estas vidas, una aventura más importante y fundamental espera poder desplegarse: la búsqueda de sus esperanzas y sueños en medio de la decepción y la desgracia. Nuestra cuidadosa atención debe aliviar esta aventura de la carga de la enfermedad. Nuestra gentileza debe liberar al paciente del obstáculo de la atención médica. Esto comienza dejando que el tiempo de cuidado se vuelva más denso y profundo.

Atención atemporal. El reloj, respetuosamente, espera.

Dos embarcaciones navegan por el canal y se aproximan. Cabos lanzados de la una a la otra, ahora las amarran juntas.

—Solicito permiso para embarcar –dice el clínico, impaciente.

—Permiso concedido –dice el paciente, esperanzado.

Una vela se enciende en una pequeña mesa redonda, rasgando la oscuridad. Hay un poco de viento. El agua apenas se mueve.

El clínico rompe el silencio:

—¿En qué piensas?

Dos botes oscilan al unísono, uno junto al otro. Un humano percibiendo al otro. Cuidando de él.

El tiempo se detiene. El tiempo vuela.

Cuidadoso

No quería mostrar mi frustración mientras revisaba la lista de doce medicamentos de la señora Olson, tres de ellos para su diabetes. Parecía posible controlar sus niveles de azúcar en la sangre con un solo medicamento, una dieta sensata y alguna actividad física placentera. Le pregunté por qué entonces estaba tomando dos nuevos medicamentos más para la diabetes. «Mi doctora quería que mis niveles de azúcar estuvieran cerca de lo normal.» Algunos de estos medicamentos le estaban causando niveles bajos de azúcar en la sangre que ella no detectaba bien. Probablemente esa era la causa de su confusión y no el Alzheimer, como ella temía.

Una vez más, pregunté por qué. «Dijo que mis nervios y vasos sanguíneos necesitan un nivel de azúcar normal para funcionar bien.» A sus 64 años, tras doce años sufriendo una diabetes leve y sin ninguna complicación de la enfermedad, valoré que la escalada del tratamiento y sus inevitables efectos indeseables eran innecesarios. Y me callé el siguiente por qué.

Se acabaron los días de los tratamientos basados en «fórmulas secretas», en investigaciones inéditas o en el «arte» de algún inspirado médico. Hoy en día, se conoce y se dispone de un rango de opciones de tratamiento para la mayoría de las afecciones, y cualquier variación en el tratamiento debe responder a diferencias en lo que los pacientes necesitan y desean. Por lo tanto, no hay ninguna razón de peso para que un mismo paciente reciba de diferentes clínicos tratamientos distintos para una misma afección, pero sucede. La respuesta está en las historias que los médicos cuentan para justificarse y para justificar estos tratamientos frente a sus pacientes. A veces, cuentan historias sobre mecanismos biológicos de causa y efecto, llevadas directamente del laboratorio a la cama del paciente. Son historias elegantes, bellas y convincentes. «Para que los nervios y los vasos sanguíneos de este paciente funcionen bien, deben estar bañados en sangre con niveles normales de azúcar.» Tal vez sea cierto, pero tal vez no: la conclusión de esta historia no predice de manera fiable si los pacientes que normalizan sus niveles de azúcar con tratamiento evitarán complicaciones. Para saber eso, necesitamos ensayos clínicos.[8]

En los últimos cuarenta años, más de 40.000 pacientes con diabetes tipo 2 han participado en ensayos clínicos. Esos estudios han demostrado que reducir los niveles de azúcar en cierta medida (aunque en ningún caso cerca de los niveles normales por los que abogaba la doctora de la señora Olson) ayuda a prevenir ataques cardíacos, reduciendo ese riesgo en un 15 % (es decir, que tratar a 100 pacientes durante 10 años previene tres ataques cardíacos, reduciendo el riesgo de 20 a 17 ataques por cada 100 pacientes tratados). El tratamiento también evita los síntomas debilitantes producidos por los niveles altos de azúcar en la sangre (fatiga, sed, micción frecuente, hambre y pérdida de peso). Por otro lado, este conjunto de ensayos no ha podido demostrar de manera convincente ningún beneficio derivado de normalizar los niveles de azúcar para la prevención de otras complicaciones de la diabetes. Sin embargo, un control estricto de los niveles de azúcar aumenta el coste, la complejidad y los efectos secundarios del tratamiento. Estos a menudo incluyen aumento de peso y reacciones al bajo nivel de azúcar en la sangre que algunos pacientes sienten como si se estuviesen muriendo. Dado el limitado beneficio potencial y los sustanciales daños e inconvenientes,

[8] Evaluación experimental de un producto, sustancia, medicamento, técnica diagnóstica o terapéutica que pretende valorar su eficacia y seguridad en su aplicación a los seres humanos.

¿por qué someter a la señora Olson y a otros como ella a más tratamiento para una diabetes que no causa síntomas?

La atención que brindan los clínicos debe ser cuidadosa, y sus acciones deben ser competentes y prudentes. Su objetivo, mejorar la situación humana de cada paciente, debe perseguirse con preocupación y compasión. La atención médica cuidadosa requiere que los clínicos trabajen con cada paciente para hacerse una idea clara de su situación, y diagnosticar qué aspecto de dicha situación requiere acción. Usando la mejor evidencia para entender las posibles alternativas de cuidado, el paciente y el clínico evalúan las opciones de tratamiento para ver cómo responde cada una a lo que la situación exige. Cuando se descubre una opción que tiene sentido (a nivel intelectual, emocional y práctico), la implementan, asegurando los recursos necesarios para que funcione de manera segura. Para ser completamente exitosa, la atención médica debe permitir a los pacientes ser y hacer, mínimamente importunados por la enfermedad y por el tratamiento.

Usando la mejor ciencia

Durante la mayor parte del siglo XX, la credibilidad de los tratamientos se basó en la autoridad y el carisma del maestro y en la calidad de sus historias. Los médicos con más experiencia enseñaban cómo tratar enfermedades basándose en «mi manera de hacerlo» o en «la forma en que siempre lo hemos hecho aquí». Los más dotados envolverían estos memes médicos en hermosas historias de descubrimientos científicos o peculiaridades biológicas. Estas historias convencían a los estudiantes de la destreza intelectual de su maestro, y los entusiasmaban con las maravillas de la vida y las disfunciones de la enfermedad. Las historias eran el argumento de por qué y cómo tratar esas disfunciones. Cuando era desafiado, el estudiante maravillado volvía a contar aquella historia, perpetuando el uso del tratamiento. Las cadenas de aprendizaje ayudaron a difundir tratamientos e historias, convirtiendo esa tradición oral en el cuidado que los pacientes recibían.

A medida que yo maduraba como clínico, empezaba a tomar fuerza un movimiento para cambiar la atención al paciente. Este nuevo enfoque, llamado *medicina basada en la evidencia*, postulaba que, sin importar cuán convincente fuera la historia biológica, los motivos del médico para recomendar un curso de acción debían estar relacionados con alguna evidencia de que dicha intervención era más beneficiosa que perjudicial. Los innovadores propusieron guías para evaluar la fiabilidad de los estudios de investigación y métodos para utilizar sus hallazgos en el cuidado de los pacientes. Esto era deliciosamente subversivo respecto a la autoridad médica. También era empoderador y seductor. Como médico joven, estaba enganchado. ¡Era como haber encontrado la llave de la biblioteca de los libros prohibidos en el monasterio y poder leerlos todos!

Los clínicos que practican la medicina basada en la evidencia saben que pueden proceder con más confianza cuando se basan en estudios rigurosos que producen resultados fiables. Las observaciones hechas por los expertos en el curso de sus experiencias personales no son lo suficientemente fiables o precisas. Los clínicos atienden menos personas de las necesarias para sacar conclusiones firmes, recuerdan lo extraordinario y lo reciente más que lo típico, y no pueden resumir con imparcialidad su experiencia. El método científico supera sustancialmente estas limitaciones y produce observaciones más fiables.

No toda la ciencia contribuye con la misma solidez a nuestra comprensión de lo que se debe hacer. Los estudios en seis ratones de laboratorio o en un cultivo de células humanas son fascinantes, pero los experimentos a escala humana tal vez no reproduzcan los mismos resultados. Clínicos y pacientes deben ignorar dichos estudios. También debemos ignorar estudios realizados en humanos con métodos poco fiables; ese tipo de estudios que acaparan titulares presentando las fresas, el vino, el chocolate o el sexo como curas milagrosas o venenos letales.

La evidencia más fiable sobre cómo proceder cuando se responde a una situación de salud, proviene de los ensayos clínicos. Los mejores ensayos distribuyen a los participantes en grupos. Estos grupos, formados al azar, reciben tratamientos distintos. Si estos ensayos están bien hechos, las diferencias en el resultado final de los grupos se pueden atribuir a los tratamientos evaluados. Los ensayos aleatorios fiables son aquellos que establecen comparaciones justas (mediante la implementación de garantías suficientes contra el error y el sesgo), y producen resultados consistentes y precisos. Dichos resultados pueden usarse con confianza para resolver la situación del paciente.

Los clínicos pueden tomar decisiones con más seguridad cuando se basan en un conjunto total de investigaciones confiables. Este primer principio de la medicina basada en la evidencia debería evitar que los médicos y sus pacientes más desesperados salgan corriendo tras el último descubrimiento, o que utilicen una cura que no ha sido probada en un estudio de investigación, incluso cuando estos «milagros» vengan envueltos en convincentes historias de biología brillante, rituales antiguos o armonía con la naturaleza. Aun cuando estos remedios parezcan inofensivos –compuestos principalmente de agua, por ejemplo– debemos reconocer que pueden causar daño tanto a nivel personal, al retrasar o reemplazar una atención más efectiva, como a nivel social, al diluir las bases científicas de la atención médica.

Pero para el 2007, se hizo patente que la idea de la medicina basada en la evidencia, a sus 17 años, presentaba problemas. Nuestra investigación reveló que la industria farmacéutica se estaba convirtiendo en el principal financiador de los ensayos clínicos, y que los resultados de estos ensayos eran más propensos a favorecer los productos de sus patrocinadores. La evaluación de sus métodos dejó claro que estos resultados favorables no se lograron gracias a la introducción de error o sesgo. De hecho, estos ensayos se llevaron a cabo de manera rigurosa, lo que arrojó resultados fiables. El problema estaba en la manipulación, en el cómo se plantearon las preguntas que estos ensayos buscaban responder. Esta manipulación sutil, este *spin*, es bastante difícil de detectar.

Consideremos un ensayo clínico perfectamente diseñado y realizado que compare dos antidepresivos. El nuevo no causa somnolencia. El antiguo causa somnolencia y se usa habitualmente por la noche, para ayudar a las personas con depresión que también tienen insomnio. Un ensayo comparó los dos antidepresivos, pero prescribió ambos por la mañana. Inevitablemente, encontró que el nuevo medicamento era más seguro. Tales trucos en la selección de pacientes, intervenciones, comparaciones y resultados que no son del todo adecuados reducen la utilidad de un resultado que de otro modo hubiera sido fiable. Este estudio respondió a una pregunta completamente diferente a la que debía contestar. Los clínicos capaces de advertir la manipulación se quedarán esperando el resultado de estudios que determinen si el nuevo antidepresivo es mejor que el antiguo cuando el antiguo *se usa apropiadamente*. Los restantes quedarán engatusados en detrimento de sus pacientes. En orden de importancia, los siguientes problemas reducen nuestra confianza en la investigación científica: la manipulación, la publicación parcial e incompleta (favoreciendo la pronta publicación de resultados favorables a los intereses de los financiadores) y el sesgo. Juntos, socavaron la base de la medicina basada en la evidencia.

En 2007, junto con Gordon Guyatt, publicamos un artículo titulado «La corrupción de la evidencia como amenaza y oportunidad para la medicina basada en la evidencia», en el que dijimos:

> Si los clínicos y quienes los guían en su práctica no pueden detectar estos problemas y alertar a la comunidad clínica sobre su existencia, el resultado será la difusión de estimaciones inexactas (y generalmente infladas) del efecto del tratamiento. La práctica aparentemente basada en la evidencia, de hecho, se basará en información inexacta. Hay testimonios recientes de campañas orquestadas que han combinado la corrupción de la evidencia con esfuerzos para influir directamente en el contenido de pautas, guías y programas. La proliferación de guías y programas de mejora de la calidad «basados en la evidencia» puede aumentar aún más la probabilidad de que un usuario inexperto caiga preso de los efectos de la evidencia corrupta.

La corrupción de la evidencia frustró la implementación del primer principio de la medicina basada en la evidencia: cuanto mejor sea la investigación, más confianza tendrán los que deciden.

Participación del paciente

Guyatt y sus colegas también propusieron que la evidencia científica nunca es suficiente para decidir qué hacer ante una situación problemática. Según este segundo principio, la evidencia por sí sola no puede cuidar del paciente. En vez de eso, los clínicos deben tener en cuenta los valores, las preferencias y el contexto del paciente para determinar qué hacer.

Qué hacer depende de las opciones disponibles, la situación del paciente y lo que este valore. Para muchos pacientes, la situación a la que se enfrentan nunca es simplemente médica. Lo médico afecta otras áreas de su vida, y viceversa. A la señora Olson le iba bien con un solo medicamento; el tratamiento no estaba interfiriendo con sus actividades como maestra de escuela a punto de jubilarse; y su nivel de control de la diabetes no le daba problemas. ¿Necesitaba su situación más acción? ¿Debían bajar sus niveles de azúcar hasta alcanzar la normalidad?

La medicina basada en la evidencia requiere que médicos y pacientes trabajen juntos para dilucidar la situación problemática del paciente y encontrar cómo mejorarla. Los clínicos deben utilizar la evidencia científica juiciosamente para entender, junto con el paciente, cómo las diferentes opciones disponibles podrían mejorar su situación. En el caso de la señora Olson, habría que considerar cuáles son los efectos de los tratamientos para normalizar el azúcar sobre su bienestar, rutina diaria, trabajo, finanzas y sobre la probabilidad de desarrollar complicaciones de su diabetes. A partir de los ensayos clínicos y de la experiencia y conocimientos de ambos, paciente y clínico deben trabajar juntos para llegar a una conclusión. Este intercambio, descrito como una danza conversacional, y conocido como la toma de decisiones compartida, sigue siendo, desafortunadamente, poco frecuente.

La toma de decisiones compartida es una conversación empática mediante la cual el paciente y el médico exploran juntos la situación del paciente –pensando, hablando, sintiendo– y evalúan las opciones basadas en la evidencia como posibles respuestas. La toma de decisiones compartida ayuda a evitar la tiranía de la evidencia –es decir, hacer lo que el ensayo clínico demostró que era mejor independientemente de quién sea el paciente– y promueve una atención médica acorde con la situación de cada persona. No se trata de darle a cada paciente lo que quiere, como si los pacientes fueran consumidores o clientes de nuestro negocio. Tampoco se trata de proporcionarles información o un menú lleno de opciones, para luego dejarlos solos decidiendo qué es lo mejor para ellos. La toma de decisiones compartida es una expresión humana del cuidado del paciente.

Ante niveles elevados de azúcar en la sangre, algunos pacientes a quienes no les molesta recibir más tratamiento, que valoran mucho lograr una pequeña reducción en el riesgo de sufrir un ataque cardíaco y que esperan que esta estrategia tenga otros beneficios, quizás elijan normalizar sus niveles de azúcar. Otros, como la señora Olson, no encontrarán ninguna razón para intensificar su tratamiento. Pero a ella no le dieron la oportunidad de considerar estas opciones.

La señora Olson probablemente asumió que había una respuesta técnicamente correcta, lo correcto para *personas como ella*. Una respuesta que es correcta independientemente de *quién seas* también precisa que todas las personas valoren las mismas cosas en la misma medida. Esto sucede raramente. O quizá la señora Olson asumió que su doctora la conocía lo suficientemente bien como para hacer una recomendación sin consultarla. Esto puede suceder cuando el paciente y el médico han disfrutado de una larga relación. Sin embargo, incluso entonces, sería arrogante por parte de los médicos confundir una serie de citas de 15 minutos con su paciente con el hecho de conocer y entender plenamente a esa persona.

Aunque la señora Olson es la mayor experta en todo lo que concierne a sí misma, ella reconoce y confía en la experiencia y el juicio de su médico. Sin embargo, los médicos parecen estar mucho menos preparados para considerar las experiencias, los conocimientos y las opiniones del paciente al formular un plan de acción. Desean que los pacientes no confundan una serie de búsquedas de 15 minutos en internet con su pericia en medicina. Cuando los clínicos intentan involucrar a los pacientes, a menudo desalientan inadvertidamente su participación mediante el uso de jerga médica. A veces ofrecen recomendaciones sin tener en cuenta o sin discutir otras opciones y sus méritos. El cuidado de la señora Olson no estuvo determinado por su propio punto de vista, y ahora su tratamiento –tomar tres pastillas en lugar de una y sufrir bajadas de azúcar que la asustan e incapacitan– tiene para ella poco sentido intelectual, emocional y práctico.

¿Por qué la señora Olson terminó con un tratamiento que no tenía sentido para ella? Para explicarlo, es posible que tengamos que explorar cómo la medicina olvidó el segundo principio de la medicina basada en la evidencia, recurriendo al recetario en busca de prescripciones *para pacientes como esta,* en lugar de ofrecer atención para *esta paciente.* Un sector industrial emergente conformado por sociedades especializadas y organizaciones que se centran en el estudio y tratamiento de enfermedades –tales como el Colegio Americano de Cardiología y la Asociación Americana de Diabetes– comenzó a producir guías para clínicos con recomendaciones de pruebas y tratamientos. «Guiar» y «recomendar» no suenan a «controlar» y «dictar», y no necesitan serlo, especialmente cuando las guías diferencian entre lo «correcto para todos» y lo «correcto para algunos, pero no para todos». Presumiblemente, los médicos, particularmente aquellos que entienden lo que significa cuidar del paciente, deberían tomar estas recomendaciones e individualizar su aplicación en el cuidado de cada persona.

Entonces emergió otro sector industrial, este encargado de hacer que los clínicos sigan las guías. Se seleccionaron indicadores de adherencia a las recomendaciones que, aunque asequibles, eran de dudosa importancia –fáciles de obtener informáticamente, pero de significado limitado para los pacientes– y los utilizaron para evaluar la calidad de la atención médica. Sin considerar el contexto de cada paciente, los pagadores asociaron estos indicadores a incentivos y sanciones diseñados para desalentar la discreción del clínico. La medicina industrializada implementó una versión degradada de la medicina basada en la evidencia para responsabilizar a los médicos de cumplir con lo recomendado para *pacientes como este,* y no para fomentar el descubrimiento de lo óptimo para *este paciente.*

Además, la arrogancia técnica y profesional, la fuerte comercialización de pruebas y tratamientos, los incentivos para promover procedimientos y dispositivos, las políticas que limitan el rango de opciones o que hacen que los médicos paguen la diferencia si seleccionan una opción más costosa, junto con las restricciones de tiempo, inhiben aún más, perjudican o sabotean las conversaciones que deben tener los pacientes y los clínicos para determinar cómo mejorar la situación de cada paciente.

Tuve la oportunidad de viajar, visitar y discutir estos temas con franqueza con otros médicos. En mi presentación, titulada «The End of EBM» (El final de la Medicina Basada en la Evidencia), expuse cómo los intereses de la medicina industrializada habían introducido errores, sesgos, fraudes, manipulación y publicación incompleta de la evidencia para corromperla a su favor. También subrayé que, después de mucho trabajo promoviendo la participación del paciente en la toma de decisiones, dicha práctica seguía siendo un unicornio. Cada vez que el paciente logra participar es gracias a un acto de amor rebelde contra el protocolo o a un feliz accidente. La corrupción de la evidencia, y su uso ciego y sordo a los valores y al contexto del paciente, me llevaron a concluir que tal vez la medicina basada en la evidencia había fracasado. Que posiblemente llegaba a su fin.

No quería que mi presentación fuera como esas películas «de arte y ensayo»: él y ella se conocen, se enamoran y, cuando están a punto de besarse por primera vez, se alejan. La imagen se desvanece. Salen los créditos. En este caso, tengo la esperanza de un final más feliz.

Qué hacer

No podemos dejar que la medicina basada en la evidencia llegue a su fin como daño colateral del progreso de la medicina industrializada. No podemos permitir que los protocolos, los algoritmos, las políticas, la inteligencia artificial, los avatares o quién sabe qué otros monstruos que toman decisiones pretendan que la evidencia por sí misma puede cuidar del paciente. No podemos permitir que estas tecnologías, incapaces de sabiduría práctica, reemplacen nuestros juicios y desplacen nuestra cooperación. Debemos evitar que la tiranía de la evidencia acabe con nuestras conversaciones y asesine nuestros bailes.

Si no actuamos, se degradará aún más a nuestros clínicos, se ahogará su empatía y se saboteará su capacidad de cuidar. La falta de movilización permitirá que continúe la corrupción de la misión de la medicina, con los pacientes y su cuidado como medios para fines industriales, alienando a los pacientes o integrándolos en un sistema capaz de ser cruel. No queremos una medicina industrializada. Queremos y debemos luchar por la atención cuidadosa del paciente.

La atención cuidadosa del paciente comienza por poner atención, por advertir al paciente. Esta atención es la clave del éxito de los charlatanes y curanderos. Ellos escuchan activamente. Ellos ven a la persona, la advierten. Los pacientes se sienten cuidados, escuchados. Esto es cierto, incluso cuando el cuidado no es técnicamente más que un ritual elaborado o cuando conlleva una alta probabilidad de daño. Por lo tanto, después de poner atención y advertir al paciente, los médicos deben responder practicando la medicina basada en la evidencia.

Personalmente, me esperanza insistir en la idea revolucionaria de la medicina basada en la evidencia, no en descartarla. De hecho, esta ha tenido éxito descubriendo la corrupción de la evidencia. Para erradicar esta corrupción, hay muchas campañas que promueven la participación de diversos intereses en la formulación de las preguntas de investigación y en la realización de los estudios, y asimismo se han propuesto programas para asegurar la publicación completa de métodos y resultados. La revolución del paciente debe abogar por estas y otras iniciativas que apoyen y promuevan la financiación, realización y publicación independientes y completas de estudios que realicen evaluaciones rigurosas y comparaciones justas y pertinentes.

Los sistemas, algoritmos y guías deben basarse en la evidencia disponible más fiable, para que la atención sea efectiva y segura. A excepción de los procedimientos diseñados para proteger al paciente, estas herramientas deben permanecer fuera del encuentro clínico. Si tienen que entrar en este espacio sagrado, deben quedarse a un lado esperando, listas para guiar y apoyar sin interrumpir, distraer o abrumar la atención de los clínicos y sus pacientes. Su implementación debe ser cautelosa, nunca incentivada financieramente, y solo tras pruebas rigurosas que aseguren que ofrecen un equilibrio favorable entre sus efectos deseados y los no deseados.

La medicina basada en la evidencia no puede contribuir a una atención cuidadosa si no tiene en cuenta las situaciones únicas que enfrentan los pacientes. La capacidad humana para abordar dichos problemas durante una conversación debe ser protegida y mejorada. La rebelión de los pacientes debe crear las oportunidades, eliminar las distracciones y dar más minutos y más brazas de tiempo profundo para que estas conversaciones se desarrollen con elegancia. En esos espacios, los médicos pueden invitar, guiar, explicar, dirigir la discusión o seguir el liderazgo del paciente. Los pacientes pueden consolidar, en medio del sufrimiento y la incertidumbre, su propia presencia y participar. Como expertos en su propia circunstancia, deben trabajar con los clínicos para descubrir los matices de su situación e idear la mejor manera de resolverla. Los investigadores están trabajando para identificar formas de promover la toma de decisiones compartida durante el encuentro clínico, de integrar estas conversaciones dentro de los flujos de trabajo; se trataría de diseñarlas adecuadamente para que la toma de decisiones compartida esté presente regularmente en la atención habitual.

En el 2007, yo declaraba el final de la medicina basada en la evidencia. Trece años después, la situación exige un movimiento, una revolución a favor del cuidado competente y cauteloso, logrado con preocupación y compasión. No sucederá de forma natural o espontánea. La historia nos ha enseñado que el avance será laborioso, pero eso no debe disuadirnos de luchar por lograr evidencias fiables, consultas elegantes y decisiones compartidas entre pasos de baile.

92

Presionamos el botón de reproducción.

El vídeo los mostró tomando sus posiciones en la oficina.

El médico se desplomó en su silla, inició la sesión en el ordenador y giró hacia su derecha para mirar al paciente. Su cabeza y el peso del mundo descansaban en la palma de su mano.

«Un placer verlo», dijo el médico, apagado y cansado.

El paciente emitió un gruñido mientras sus caderas exploraban el sofá intentando acomodarse.

La cámara de nuestro programa de investigación miraba al rostro del paciente por encima del hombro del médico.

El hombre, de 92 años, estaba en el consultorio para hablar de su diabetes. Su alto nivel de azúcar le estaba causando fatiga. Ni la dieta ni la actividad física lo habían ayudado. El paciente y el médico estaban participando en nuestra evaluación de una herramienta diseñada para ayudarles a decidir juntos cómo responder a situaciones como esa. La herramienta, compuesta por una serie de tarjetas temáticas, muestra de qué manera las medicinas disponibles para la diabetes difieren en aspectos que son importantes para los pacientes.

«¿Qué aspecto de su próximo medicamento para la diabetes le gustaría discutir primero?» El médico siguió el guion.

El paciente señaló rápidamente una de las tarjetas: «¡Cambio de peso!».

El clínico dejó de apoyar su cabeza en la mano. «¿Por qué?» Su cuerpo, ahora erguido, giró totalmente hacia el paciente, dándole la espalda a la cámara.

«Usted tiene 92 años», añadió. «¿Por qué le importa su peso?»

«Mi esposa falleció hace seis meses», dijo el paciente. «Eso fue muy triste.»

El clínico asintió, inclinándose hacia el paciente.

«Mi perro murió hace tres meses», continuó el paciente. «Eso fue otra tragedia.»

Esta vez, la cámara captó una elevación sutil de la comisura de sus labios, una microsonrisa coqueta. «Estoy pensando en mudarme a una casa para viejos como yo», añadió.

«Sí...», susurró el médico, invitándolo a continuar.

«Doctor...»

«¿Sí?»

Sus cuerpos inclinados se acercaron, como compartiendo un secreto.

«¡Ese lugar está lleno de mujeres!»

Clínico y paciente rieron, mirándose a los ojos. Se conocían desde hacía una década, pero ahora habían comenzado a explorar nuevos territorios.

En la tarjeta de «Cambio de peso» se indicaba un medicamento que lo ayudaría a perder peso. «Ese», escogió el paciente.

«Veamos», dijo el clínico, entre curioso y divertido: «¿Qué aspecto de este medicamento le gustaría revisar?».

La siguiente tarjeta seleccionada fue la de «Rutina diaria». En ella se explicaba que esta medicina requiere dos inyecciones diarias.

«¡Perfecto!», dijo el paciente, radiante.

«¿Qué?» El médico no se pudo contener. «¿Por qué desea ponerse inyecciones a estas alturas de su vida? ¿Por qué no prefiere alguna de estas pastillas?»

«Doctor», dijo suavemente el paciente inclinándose hacia su médico, como quien comparte otro secreto. La cámara captó el brillo travieso de sus ojos.

«¿Sí?»

«¡La enfermera viene dos veces al día para ponerte la inyección!»

Sus carcajadas llenaron la habitación y saturaron el audio de la grabación. Sus risas, sincronizadas, eran el sonido de una complicidad que borraba una brecha de cuarenta y cinco años de edad entre ellos.

Al finalizar la grabación, el clínico preparó la receta y refirió al paciente a la enfermera para que lo entrenase en el manejo de su diabetes. El seguro del paciente rechazó la prescripción, pero el médico insistió, enviando cartas a la compañía y completando formularios, hasta que finalmente logró su aprobación. Ya con el nuevo medicamento el paciente fue a visitar a la enfermera educadora, pero la cita había sido concertada, por error, con un médico especialista en diabetes.

«Veamos... *¿quién* decidió prescribirle este medicamento?», preguntó el especialista incrédulo, inquiriendo, mediante gestos, el nombre del idiota incompetente.

«Mi médico y yo», contestó el paciente, desempeñando su papel. «Pero, sobre todo, la idea fue mía. Verá, mi esposa falleció hace seis meses...»

Conversaciones

En 2016, pronuncié más de setenta presentaciones sobre el cuidado de los pacientes y el incordio que supone para ellos el tratamiento. Al acabar estas charlas, sobre todo organizadas ante un auditorio compuesto mayoritariamente por otros clínicos, la primera pregunta que casi siempre me hacían era: «¿Y qué hay de nuestra carga de trabajo? No tenemos tiempo para ofrecer cuidado del modo que tú propones. ¿Qué podemos hacer?». Aunque siempre esperaba esta pregunta, no por ello dejaba de sorprenderme. Yo les contestaba, con una sonrisa que buscaba prepararlos para un reto amistoso: «Los pacientes piensan que ustedes están al mando. Y ahora ustedes me dicen que no controlan su propio horario. ¿Quién está al mando entonces?». Y aunque he señalado esto mismo en múltiples ocasiones, solamente ahora, mientras escribo esto, me doy cuenta de lo que «no estar al mando» significa para pacientes y clínicos.

El cuidado es algo que pacientes y clínicos crean juntos. Uno puede leer sobre danza, escuchar música y ver un esquema con los pasos, pero bailar empieza y termina con los cuerpos de la pareja respondiendo a la música y al cuerpo del otro. Uno puede emocionarse con sus movimientos, pero si capta la mirada de los bailarines, tendrá que aceptar que solamente ellos dos están bailando. El cuidado es íntimo. Cuando ayuda al paciente, el cuidado es hermoso. ¡Qué desesperación para estos clínicos y sus pacientes darse cuenta de que no tienen control sobre la música, y que otros deciden su coreografía!

¿Por qué los bailarines del cuidado se sienten alienados, imposibilitados para dar forma al cuándo y al cómo de sus danzas? ¿Por qué la medicina cuidadosa y gentil solo puede ser un agradable accidente? Del mismo modo que la medicina industrializada invirtió la misión de la medicina, haciendo del cuidado el medio para alcanzar fines corporativos, invirtió también la cadena de responsabilidad.

El sistema produce valor «proporcionando» cuidado. Los clínicos son responsables de proporcionar cuidado y producir resultados, por lo que requieren que los pacientes hagan también su parte. Los pacientes tienen que trabajar *para* su clínico. Algunos de ellos dejan de acudir a las citas o las posponen para no tener que explicarle al médico, ahora convertido en el jefe de la fábrica, por qué no han podido terminar el trabajo asignado. El médico podría querer «implicar» y «activar» más al paciente, amenazarlo con la perspectiva de malos resultados, o con despedirlo del consultorio.

La historia médica recoge un registro detallado de estas transacciones. Los gerentes usan dicho registro para demostrar a los pagadores que se proporcionó un producto de cierta calidad. Los jefes hablan con los políticos y la prensa sobre cómo generan valor para la sociedad.

En este sistema, la información y el valor fluyen hacia arriba, desde el encuentro clínico hacia los despachos corporativos y, desde ahí, a los pagadores e inversionistas. Puede parecer que los pacientes se encuentran en el centro de este sistema, pero no se trata en realidad de atención centrada en el paciente. Más bien, el cuidado que pacientes y médicos crean conjuntamente es el producto que la industria médica empaqueta y vende, y que los pagadores compran. En esta fábrica, a medida que los médicos pierden el control, también renuncian a ser responsables de las consecuencias que sus acciones puedan tener en sus pacientes y en la sociedad, una responsabilidad que debería ser la marca máxima de su profesionalidad. Los pacientes y los médicos funcionan como simples instrumentos del sistema, y tienen poco poder para decidir sobre sus condiciones de trabajo.

En este contexto, los clínicos no siempre cumplen con las expectativas de los pacientes que buscan profesionales competentes y compasivos. Algunos médicos ven la atención al paciente como un ejercicio académico, una transacción comercial o una fuente de ingresos. Personas incompetentes, dañinas o deshonestas usan a veces la bata blanca.

Sin embargo, como la mayoría de los pacientes, yo imagino a los clínicos como profesionales a los que les importa su trabajo. Tras haber sufrido abusos cuando cumplían con su labor humana, algunos clínicos se pasan a la administración, ya sea para combatir al monstruo desde dentro o para escapar de sus efectos, pasando menos tiempo con los pacientes. Otros aprenden a sentirse orgullosos de su capacidad de seguir a pie juntillas las pautas de tratamiento y de cumplir con lo que les exigen. Muchos se dan cuenta de que esta práctica más bien técnica ni cuida ni satisface, pero se sienten impotentes, desamparados y obligados a cumplir. «¿Qué podemos hacer?», preguntan. El que ha sufrido abusos mientras llevaba la bata blanca se convierte en abusador, asustando y persuadiendo a sus pacientes para que busquen cuidados «recomendados» que a veces funcionan y muchas otras veces no tienen ningún sentido.

Como parte de nuestra investigación, hemos reunido una colección de grabaciones en vídeo de encuentros clínicos. Conservamos más de tres mil vídeos, un relato inevitablemente parcial pero útil de la manifestación más íntima de la medicina industrializada. Entre lo inaceptable a veces puede encontrarse lo exquisito. Con muchas tareas por acabar e información que documentar en el historial, y con una sala de espera llena de personas hartas de esperar, la doctora primero le ofrece a su paciente un tratamiento sumamente intensivo, tal como indican las pautas para alcanzar los niveles recomendados de control de la enfermedad. Simple rutina. Al asentir, la paciente muestra un breve, casi imperceptible, indicio de vacilación en su voz o en sus ojos. «No pareces muy convencida», observa la doctora astutamente y con amabilidad.

Silencio. Pausa larga. Un silencio inasequible. La paciente lo interrumpe. «Estudio casi todos los días y trabajo de noche. No creo que pueda hacerlo.» No se oye la música, pero debe de sonar porque las vemos bailando a su ritmo. La doctora le toca la mano. Ha escuchado a su paciente. La paciente esboza una sonrisa tímida y baja la mirada. Idean algo juntas, un tratamiento que encaja en su vida, uno que tiene sentido. La paciente levanta la mirada. Se pone de pie. Tienen un plan. Al marcharse, le dedica una amplia sonrisa a su doctora.

La doctora regresa a su sitio para atender las demandas del ordenador. Debe justificar la violación del protocolo y explicar por qué comprometió la «calidad» del servicio. Debe explicar por qué no vio a más pacientes o por qué pasó «demasiado tiempo» con uno de ellos. Otros usarán estas justificaciones para conseguir el reembolso de los pagadores que, a su vez, actuarán aplicando el sistema de incentivos y sanciones que tienen para garantizar que esto no vuelva a suceder. La fábrica sigue funcionando, la maquinaria se agita por la presión de producir. Sin embargo, justo ante nuestros ojos, dos bailarinas danzaron contra el protocolo. El cuidado se produjo.

Si se implementara un sistema para cuidar de los pacientes, ¿se establecería la cadena de responsabilidad de modo que todos respondieran al jefe corporativo? ¿Qué pasaría si el sistema colocara al paciente en la cima de su jerarquía? ¿Qué pasaría si el médico rindiera cuentas y resultados al paciente? ¿Qué pasaría si todos los administrativos y sus jefes, el director gerente, la junta directiva y cualquier otro empleado corporativo, tuvieran que responder ante el paciente, y tuvieran que trabajar todos los días para mejorar su situación?

No creo que la innovación iterativa, a través de iniciativas de empresarios que trabajan dentro del sistema, logre tal objetivo. Pienso que estos emprendedores pueden instaurar cambios, pero solo para posicionar sus propias empresas y beneficiarse de un nuevo sistema, un sistema en el que pacientes y médicos siguen siendo herramientas en manos de sus jefes, medios para alcanzar otros fines como el poder y la riqueza. Por lo tanto, creo que el cambio requiere darle la espalda al modelo industrializado de la medicina. Resultará solamente de una revolución.

¿Pero qué construiría la revolución? La medicina basada en los avances tecnológicos es tentadora. Supongo que es posible depositar nuestra confianza en la destreza técnica de algoritmos de diagnóstico y robots médicos autónomos, y en los mensajes de empatía perfectamente programados de avatares cuidadosamente diseñados. Su magia puede hacer sentir el tipo de amor y solidaridad que la atención médica transmite cuando viene de otro ser humano.

Sin embargo, es improbable que un camino así funcione. El cuidado es un acto fundamentalmente humano, que se manifiesta en el arte de la danza de la conversación. El arte de saber qué decir, y cómo y cuándo decirlo. El arte de invitar a las personas a una conversación productiva, y de cerrar con gracia tales conversaciones. El arte de los silencios. En las conversaciones, los médicos demuestran su competencia y compasión a medida que los pacientes se sienten acompañados, buscan comprensión y ayuda cualificada, y encuentran curación. Una revolución en la atención al paciente debe aprovechar el poder de las conversaciones.

Un amigo muy querido se enfermó gravemente. Después de meses de pruebas, primero en Lima y luego en el extranjero, quedó claro que tenía un tipo de cáncer en la sangre grave y poco frecuente y que tenía que deshacerse de él para sobrevivir. Su oncólogo pensó que las posibilidades de curación eran muy remotas. Pero como tenía 40 años, había estado sano hasta entonces, era padre divorciado de dos hijas y propietario de una pequeña empresa con casi cincuenta empleados, decidió ofrecerle un programa de tratamiento muy agresivo para intentar curarlo. Después de varios ciclos, la enfermedad no remitía y el tratamiento le estaba causando un gran sufrimiento. No podía dormir. Tenía dolorosas heridas en la boca y la piel. Lejos de sus hijas, pero pensando en ellas, siguió adelante. Su oncólogo comenzó otro régimen, uno aún más tóxico, que lo debilitaba y nublaba su conciencia. El linfoma se extendió a todas partes, incluso asomaba visiblemente a través de su piel. Cuando el oncólogo se preparaba para ofrecerle otro régimen aún más tóxico, el primo de mi amigo intervino. El oncólogo, inadvertidamente, había comenzado a bailar solo, y estaba respondiendo a una situación que ya no era la misma que había motivado la danza.

En una reunión entre los familiares y los clínicos, el primo describió la situación del paciente, no como la de alguien que necesitaba curarse desesperadamente, sino como la de un hombre joven que, dado que la muerte se acercaba inexorablemente, necesitaba sobre todo estar cerca de su familia. Cada ciclo de terapia lo debilitaba e imposibilitaba más para viajar de regreso a casa. Juntos llegaron a la conclusión de que el problema ya no era que tuviera un linfoma letal que debía curarse a toda costa, sino que tenía un linfoma letal del que debía morirse en Perú. Aunque debía guardar reposo en cama, el paciente confirmó su deseo de morir rodeado de su familia. Esto provocó un trabajo diligente y coordinado por parte del equipo de enfermería, los trabajadores sociales, los médicos y la familia. Al día siguiente, un avión médico lo llevó a Lima. Poco después, rodeado de su familia, habiendo besado a sus hijas, mi amigo murió.

Las conversaciones pueden abordar todo aquello que se sabe sobre las situaciones problemáticas. Son también herramientas versátiles para lidiar con la ambigüedad de lo que va a suceder. La ambigüedad y la incertidumbre son ingredientes esenciales en la aventura de la vida y fuente de sus sorpresas y decepciones. A la vez, también pueden causarnos ansiedad y suponer un reto para nuestra resistencia y resiliencia. Podemos tratar de reducir la ambigüedad con más exámenes médicos, por ejemplo, pero la mayoría de los destinos humanos están simplemente fuera de nuestro control o de nuestro conocimiento.

El resultado de mi amigo fue inesperado y adverso, y nada de lo que se sabía de él lo presagiaba. Tras el diagnóstico, nadie hubiera podido saber cómo le iría, cómo respondería la enfermedad al tratamiento, cómo toleraría él los efectos secundarios, cuánto tiempo estaría lejos de sus hijas y cuánto se echarían de menos. Cuando mi amigo, el paciente, fue colocado en la ambulancia que lo llevaría al avión camino a Lima, los médicos y las enfermeras abrazaron a la familia. Luego se abrazaron entre ellos. Las conversaciones sobre el cuidado fomentaron estas relaciones que ahora ayudaban a los pacientes y a sus clínicos a lidiar con estas incógnitas.

La falta de conversaciones y relaciones nos hace vulnerables a los caprichos de la fortuna. Por ejemplo, nuestros colegas en la India y China han notado el riesgo creciente de violencia, a veces letal, dirigida hacia los médicos. Tomemos el caso de los padres de uno de mis colegas, también médicos. Ellos se vieron implicados en un caso que tuvo mucha difusión en la India, en el que un paciente sufrió una reacción alérgica grave, y eventualmente fatal, a un medicamento administrado en la sala de urgencias. La familia del paciente, en duelo todavía, movilizó a los funcionarios del gobierno local y a la policía, y logró el arresto de los médicos que dirigían el centro médico, sin cumplir con el debido proceso legal. Solo una implacable campaña local e internacional consiguió su liberación.

Las conversaciones no pueden proteger a los pacientes de profesionales fraudulentos, incompetentes o negligentes. Los pacientes, como cualquier persona vulnerable debido a sus circunstancias, deben ser protegidos de aquellos con el poder de causarles daño. Sin embargo, en muchos países de bajos ingresos, los pacientes que sufren alguna consecuencia adversa como resultado de una atención por lo demás competente tienen muy pocas formas de buscar justicia por unos resultados que ellos atribuyen a la negligencia o la mala conducta; por ello, se toman la justicia con sus propias manos.

Los médicos están más seguros en Estados Unidos porque existe un poder judicial funcional, aunque aquí es más probable que los clínicos, cuando no han podido mantener conversaciones con sus pacientes, terminen como acusados en un juicio. Sintiéndose en peligro, algunos clínicos ordenan pruebas y prescriben tratamientos principalmente para evitar una demanda y las devastadoras consecuencias emocionales, profesionales y financieras que ello conlleva. Priorizan sus propios intereses. La medicina defensiva, término que describe esta práctica, es ofensiva para la aspiración y la expectativa de la medicina como atención cuidadosa y gentil.

Para que la atención al paciente se pueda llevar a cabo, los pacientes y los médicos necesitan conversaciones y un sistema que las promueva rutinariamente en cada uno de los cientos de millones de encuentros clínicos que tienen lugar todos los días. Los encuentros no deben ser apresurados, pero tampoco deben ser innecesariamente largos. La conversación no debe reemplazar al silencio cuando lo que se necesita es silencio. Ninguna otra actividad debe desalentar o interrumpir las conversaciones de cuidado. La conversación sin prisas puede ser el acto más simple y significativo de sublevación contra la medicina industrializada.

Las conversaciones pueden ayudar a pacientes y médicos a mejorar las situaciones humanas problemáticas que los pacientes traen a las consultas. También pueden mejorar la respuesta de los servicios de salud a los problemas de las comunidades y al proceso de formulación de un sistema de salud inclusivo, asequible, seguro, equitativo, capaz de responder a tiempo y de asumir su responsabilidad ante todas las personas. La danza de la toma de decisiones compartida en el encuentro clínico es la danza de la democracia deliberativa en comunidades y países.

Puede parecer extraño que alguien que defiende las conversaciones como parte fundamental del cuidado de los pacientes, que cree en el amor, en la solidaridad y en la capacidad inherente de los seres humanos para advertir al otro y preocuparse por él, llame a la revolución. Sin embargo, no es extraño ni contradictorio. *Revolución* significa literalmente 'girar': los ciudadanos y los pacientes debemos guiar a nuestras sociedades para que le den la espalda a la atención médica industrializada. Luego debemos volvernos los unos hacia los otros (pacientes y clínicos, compañías de salud y sus comunidades, legisladores y ciudadanos) para construir juntos un proyecto solidario.

Esto no se logra mediante una tímida reforma o desatando fuerzas motivadas por la competencia, la codicia y las ganancias, que son precisamente las ideas e ideales que impulsan la medicina industrializada. En vez de eso, una revolución de los pacientes se nutrirá de las conversaciones. En ellas encontraremos nuevas ideas que promoverán una atención cuidadosa y gentil, reavivarán la administración profesional del cuidado del paciente, nos harán redescubrir las razones para cuidarnos los unos a los otros, renovando así nuestro compromiso humano de cuidar de todos.

Catedrales

Para su edición de diciembre de 2013, la revista *Minnesota Medicine* me pidió que predijera el futuro de la atención médica y describiera cómo sería la medicina en el año 2033. Me pareció un ejercicio inútil, porque era imposible acertar. El futuro puede ser como *Star Trek, Un Mundo Feliz, Mad Max* o nada diferente a lo que es hoy, siendo esta última opción la más distópica. Finalmente, elegí compartir lo que sinceramente pensaba. Tuve el pensamiento mágico de que poner por escrito mi predicción podría mejorar las posibilidades de que se convirtiera en nuestro futuro:

> Dentro de veinte años, recordaremos la segunda década de este siglo como la década de la decadencia de la medicina industrializada y la década de la rebelión de los pacientes. La industria de la salud entrará en declive, porque en su búsqueda de ganancias no podrá satisfacer las necesidades de todas las personas que deseen mantener y recuperar su salud. Las personas se rebelarán cuando se den cuenta de que la evidencia científica que debe guiar su atención médica está contaminada por propósitos distintos a la claridad y la precisión. Las personas se rebelarán cuando vean que los enfermos se agravan por el exceso de atención médica. Las personas se rebelarán a medida que hospitales y clínicas construyan instalaciones más grandes en respuesta a la creciente demanda de sus servicios, y se den cuenta de que la medicina industrializada

no ayuda a las personas a prevenir la enfermedad. Las personas se rebelarán cuando esta industria prácticamente extinga a las personas sanas. Desde su nacimiento, todas las personas estarán enfermas o correrán el riesgo de enfermarse, y ambos grupos deberán consumir atención médica hasta, o incluso después de, su último aliento.

Los pacientes revolucionarios exigirán y conseguirán atención médica para todos, brindada sin prisas, con respeto y competencia por profesionales que se interesen por sus pacientes. El cuidado se brindará de manera que se ajuste a las preferencias informadas del paciente y a su situación específica. La investigación que informe ese cuidado será lo suficientemente independiente y rigurosa, y los estudios serán lo suficientemente amplios como para responder las preguntas importantes de los pacientes.

La atención medica dejará la menor huella posible en la vida de las personas. Pocos la necesitarán porque la rebelión de los pacientes se centrará en la salud, en la capacidad de las personas para cumplir sus funciones y realizar sus esperanzas y sueños. Perseguirán este objetivo trabajando para mejorar sus entornos, dar más sentido a su trabajo, fortalecer las relaciones interpersonales y reducir la pobreza, la inseguridad y la desigualdad.

El éxito de rebelión de los pacientes se hará evidente y cobrará impulso cuando hospitales y clínicas se empiecen a usar como centros recreativos y deportivos, escuelas, museos y áreas de participación social en la vida de la comunidad. Entonces, por primera vez, se convertirán en catedrales de la salud.

Las catedrales son expresiones de lo que la gente creía verdadero e importante. Familias enteras se dedicaron durante generaciones a construirlas. Mi propio bisabuelo pertenecía a la tradición de picapedreros que construyeron catedrales europeas. Uno tiene la sensación de que, para construir estas enormes estructuras, las comunidades tenían que medir su dinero, esfuerzo o tiempo en otra escala calibrada de acuerdo con sus ambiciones; no en horas sino en eones. No es que no existieran limitaciones: la catedral de la Sagrada Familia en Barcelona sigue en construcción, retrasada por el complejo diseño de Gaudí, una guerra civil que destruyó gran parte de los planos originales y convirtió en soldados a sus trabajadores, y por crisis económicas recurrentes. Las modernas grúas de construcción forman parte de su perfil hoy en día, tanto como las torres que proyectan este impresionante edificio hacia el cielo. Pero esas grúas están ahí, contra todo pronóstico, terminando el trabajo.

En el interior, la luz baila entre las columnas, mientras Gaudí se ríe de nuestras eficiencias modernas, nuestro costo-efectividad, nuestras distracciones y nuestras prisas. Cuando vale la pena hacer las cosas, cuando estamos construyendo catedrales o cuidándonos los unos a los otros, el tiempo, y más precisamente la duración del tiempo, no es la medida. Como las catedrales, el cuidado del paciente debe ser atemporal.

Mi museo favorito en el mundo exhibe las obras de Auguste Rodin. Es un lugar más bien pintoresco en París, lleno de esculturas, mi expresión de arte favorita. Las manos de las esculturas de Rodin llaman mi atención poderosamente: poco delicadas, representadas mientras se esfuerzan, con prominentes ligamentos huesudos y músculos abultados y contraídos que contienen energía y poder. Esas no son las manos en su obra maestra de 1908, *La catedral.* Dos manos diestras emergen del mármol en lados opuestos. A medida que se acercan, se alargan hacia arriba para crear un espacio entre ellas. En *La catedral,* dos personas se acercan, sus manos permanecen suaves y tranquilas. La atención se concentra en el espacio que forman y contienen. Tal espacio está libre de mármol, de cualquier cosa en realidad, dejando espacio para todo lo demás. Si el escultor no hubiera sustraído material del centro del mármol, no se hubiera creado el espacio, y el significado de la pieza sería ininteligible. Los dedos son las agujas, y las manos las paredes, pero es el espacio lo que constituye *La catedral.* Tal catedral solamente existe cuando las manos de dos personas colaboran para formarla, y el espacio dura tanto tiempo como esas dos personas se preocupen por crearlo.

En este libro he argumentado que la medicina industrializada ignora al paciente, lo cuida solo por accidente y con frecuencia es cruel. Necesitamos reemplazar esto por un sistema que sea capaz de percibir a cada persona y que centre su conocimiento y su tecnología en responder con elegancia a su situación. Este trabajo depende de la posibilidad de reunir al paciente y al clínico, y eliminar cualquier fricción que pueda interferir en el trabajo conjunto, silenciando todas las distracciones que existen en el espacio sagrado del encuentro clínico. De modo que el acto de esculpir ilustraría muy bien el trabajo de una rebelión de los pacientes, puesto que (como hace el escultor con una pieza de mármol para llegar a la escultura final) se deshace de lo que no hace falta, de lo que no contribuye al cuidado del paciente. La acción central para que prospere una rebelión de los pacientes puede ser el fomento de encuentros clínicos sin perturbaciones, en los que el tiempo pueda experimentarse de manera profunda y las manos se aproximen sin impedimentos, notándose una a la otra, acercándose más para cuidar. Debemos construir catedrales atemporales de atención cuidadosa y gentil.

Al igual que en mi predicción, una rebelión de los pacientes no puede ser efectiva sin primero cambiar en lo fundamental cómo vivimos. Estas formas de vivir nos convierten a todos en consumidores de atención médica y proponen a la medicina industrializada como la única respuesta a nuestras dificultades.

Una de las imágenes más conmovedoras que he usado en mis presentaciones es la de un *castell*.[9] Un *castell* es una construcción humana, una proeza de verticalidad lograda por una pirámide de hombres, mujeres y niños de todas las edades, habilidades y constituciones. Muchas personas forman la base del *castell*: círculos concéntricos estrechamente conectados para mantener el imponente castillo erguido y para amortiguar cualquier caída. Un tallo humano se eleva desde esta base. Una «catedral» es un castillo con ocho niveles. Cinco personas o *castellers* constituyen cada uno de los primeros cinco niveles; los siguientes dos niveles están formados por tres y dos personas; y el último, por una sola persona, a menudo un niño. Aunque es impresionante la altura que pueden lograr, es en

[9] *Castell* es una palabra catalana que significa 'castillo'.

la base de un *castell* donde se forma una imagen particularmente conmovedora: muchas personas, en círculos concéntricos, alrededor de una.

Esta imagen me permite hablar de las sociedades que estamos construyendo. Sociedades que alienan, que excluyen a los débiles y discapacitados, y que hacen que sea más difícil para los más desafortunados darse cuenta de su capacidad para ser y convertirse en lo que sueñan, y para hacer lo que su espíritu les pide. Sociedades que imaginan individuos soñando y prosperando solos, como si el éxito fuera producto del esfuerzo individual, como si la única diferencia fuera que el ganador es más inteligente y trabaja más duro que el perdedor.

Los *castells* son monumentos a una visión radicalmente diferente: una visión de solidaridad, en la cual el ganador recibe más ayuda. Son el triunfo de la imaginación colectiva. A medida que crecen, los *castells* son tirados hacia abajo por su propia masa. Cuando se derrumban, todos absorben la caída y se distribuye el dolor. El cuidado del paciente eleva al cuidador y al clínico, pero también les confiere peso y molestias. Un *castell* bien construido, al igual que una sociedad bien construida, distribuye los beneficios y las molestias que conlleva la atención, contribuye a la capacidad de todos para alcanzar su potencial, confía en que los miembros contribuyan de la mejor manera posible, suaviza las caídas y se vuelve resiliente gracias a la densidad del tejido de sus relaciones.

El trabajo que debe llevar a cabo una rebelión de los pacientes va más allá del desmantelamiento de la industria de la salud; el sector sanitario debe asociarse con otros sectores para transformar las sociedades en las que vivimos, de modo que puedan contribuir a nuestra salud. La atención al paciente es solamente un reflejo de esta capacidad social de atención cuidadosa y gentil. Junto con las catedrales de atención en las que se unen las manos, también debemos construir castillos de solidaridad en los que las manos se sostengan entre sí.

Este *castell* está casi terminado. La última persona, una niña, está subiendo a su cima. Sus padres, aferrándose a sus compañeros *castellers* en la base, confiando en todos los demás, esperan con nerviosismo que la música señale la llegada de su hija a la cumbre. Están envueltos por un profundo sentido de preocupación por los demás, de cuidado de los demás: están rodeados de amor. Mientras sube, esa niña no se siente sola. Cuando llegue a la cumbre, no pensará que llegó allí gracias solo a su propio esfuerzo y valor. Porque, con solamente mirar hacia abajo, verá a todos los del pueblo, a todo su mundo, abrazándola y aupándola, ayudándola a tocar la luna.

Epílogo

Nuestro objetivo es recuperar el cuidado del paciente como la prioridad de las organizaciones médicas y de los propios clínicos. Queremos un cuidado elegante en el cual los médicos estén presentes y puedan apreciar a cada paciente en su individualidad, y a su situación en alta definición. Somos conscientes de que se requerirán muchos cambios para lograr una atención cuidadosa y gentil. Será necesario un sistema de atención al paciente guiado por la solidaridad y no por la codicia para evitar así que recursos valiosos dejen el sistema convertidos en ganancias, creando con ello una escasez artificial.

Sabremos que hemos llegado a nuestra meta, entre otras cosas, cuando la polaridad del mundo de la salud se haya invertido: cuando los que formulan políticas de salud, los seguros privados y los gerentes rindan cuentas a los clínicos y sus pacientes. Cuando consideren que su trabajo es garantizar el cuidado del paciente sin interrupciones, distracciones o esfuerzos fuera de lugar. Cuando vean la situación de los pacientes en alta definición y trabajen con ellos para asegurarse de que su atención médica tenga sentido para ellos. Hoy en día, los gerentes utilizan indicadores de calidad y rendimiento para evaluar la atención clínica y para demostrar ante los pagadores la buena calidad de la atención que brindan a cambio del dinero recibido. Cuando la polaridad se invierta, responsabilizaremos a los gerentes y financiadores por la creación y el fomento de sistemas innovadores y sostenibles que permitan que la atención cuidadosa y gentil de los pacientes sea la norma y la crueldad, su rara excepción. Cuando eso ocurra, el valor de los sistemas de salud fluirá hacia el cuidado del paciente.

Debemos decidir qué camino tomar. Algunos creen en un sistema basado en el lucro e impulsado por la competitividad, que sobreatiende a los pacientes ricos e ignora casi por completo a los demás. Valoran este sistema porque creen que es capaz de impulsar el florecimiento de innovaciones importantes en la atención al paciente. Otros creen que es preferible la justicia social y proponen un sistema que garantice el acceso universal a los servicios médicos. El acceso universal es una de las maneras en que la sociedad promueve la salud de sus ciudadanos, como derecho fundamental y como garantía del desarrollo personal. Como en muchos otros casos, esta dicotomía puede que sea falsa. Una rebelión de los pacientes debe promover nuevas formas de pensar que rechacen la idea de que hemos de escoger entre lograr justicia social, innovación o sostenibilidad. Por el contrario, nuestras expectativas deben situarse en que cualquier sistema diseñado con el fin de cuidar de los pacientes aspire a conseguir las tres a la vez. Para lograr una atención cuidadosa y gentil para todos, no podemos aceptar menos.

Ninguno de estos cambios tendrá lugar de manera espontánea. De hecho, mi opinión es que las tendencias predominantes continuarán inclinándose fuertemente hacia la medicina industrializada. Entonces, ¿pueden los ciudadanos y los profesionales transformar esta realidad?

He elegido hablar de una revolución o rebelión porque una reforma no será suficiente. Es el momento de una rebelión de los *pacientes*, no solo porque nuestro movimiento tiene como objetivo el cuidado del paciente, sino también porque creemos que son los ciudadanos quienes deben liderarlo, tanto las personas sanas como cualquiera que de alguna manera aún pueda movilizarse. Los clínicos se unirán pronto, mientras que otros se unirán después, a medida que se liberen de las ataduras corporativas, renuncien al botín de la medicina industrializada, recuperen su fe y comiencen a creer en la probabilidad de nuestro éxito.

Esta revolución no se dará sin enfrentamientos, dado que muchos tienen demasiado que perder. Crecí en Perú durante los años del terrorismo y la hiperinflación. Entonces aprendí lo que hacen estos dos tipos de violencia, y cómo terminan afectando a los más vulnerables, a los que más cuidado necesitan. Por lo tanto, nuestro camino debe ser no-violento. Debe aprovechar el poder de las conversaciones entre pacientes y clínicos, ciudadanos y sistemas de salud, y todos los que están dentro del proceso político. Desde la toma compartida de decisiones hasta la democracia deliberativa, estas conversaciones deben desmantelar la medicina industrializada y reemplazarla por nuevas formas de cuidar del paciente.

En los capítulos de este libro se sugieren palabras que pueden usarse durante esas conversaciones. Mientras las escribía, me encontré con situaciones en las que su uso en una conversación podía crear una oportunidad para la reflexión y el cambio. Así que las usé. Funcionan. Y creo que funcionan porque conectan con los valores de muchas personas que tienen el poder necesario para cambiar la atención de salud. También funcionan porque es difícil pensar en preocuparse por pacientes y clínicos cuando se habla siempre en términos de acceso, eficiencia, valor, fiabilidad o ingresos. Estos conceptos son útiles para ejecutar operaciones y planificar los aspectos relativos al negocio de estos sistemas, pero deben permanecer subordinados a la prioridad y al servicio de la misión de lograr una atención cuidadosa y gentil para todos.

No es fácil acceder al poder, conseguir un sitio a su lado y participar en conversaciones clave. Pero debemos estar ahí. Algunas de estas conversaciones no están teniendo lugar, y debemos hacer que sucedan. Se requieren métodos efectivos para crear y mantener conversaciones a nivel clínico, comunitario y nacional. Para ello, hemos creado *The Patient Revolution* (La Revolución del Paciente), una organización sin fines de lucro. The Patient Revolution (patientrevolution.org) desarrolla herramientas y programas para fomentar dichas conversaciones. También ofrece estrategias para encontrar el modo de entrar en los despachos donde se toman decisiones relevantes, y de asociarse con quienes ya tienen un asiento en la mesa y comparten nuestro objetivo de transformar la medicina industrializada en una atención cuidadosa y gentil.

Decidir si unirse o no a la «rebelión de los pacientes», constituir o integrarse a un grupo local, o actuar individualmente es menos importante que decidirse a actuar, a movilizarse, a liderar el cambio y marcar la diferencia. Muchas de las realidades establecidas parecen inmutables, como los enormes edificios que simbolizan su poder. Y la única razón por la que se mantienen en pie es porque todos hemos aceptado que su existencia es preferible a su alternativa, que lo conocido es mejor que el cambio. El cambio puede dar miedo, y el camino puede ser duro y estar lleno de burlas, fracasos y consecuencias no deseadas. Sin embargo, podemos decidir que queremos un futuro diferente y actuar para conseguirlo.

Todos podemos dar al menos dos pasos. El primero, dejar de aceptar la medicina como una actividad industrial y el cuidado médico como su producto. El segundo, iniciar una conversación. Usemos el lenguaje de la atención al paciente, un lenguaje que en parte hemos explorado en estas páginas. Confío en que nuestra causa es justa y en que nuestras palabras pueden cambiar la manera en que las personas piensan y actúan.

Podemos empezar un movimiento y sorprendernos a nosotros mismos. Al igual que cuando se construye una catedral, puede llevarnos generaciones alcanzar nuestro objetivo. Confío en que nuestro trabajo, como esos templos, quedará como evidencia de que nosotros, en este momento de nuestra historia, nos decidimos por el cuidado.

Agradecimientos

Solo un nombre aparece en la portada de este libro. Ese nombre debe asumir la responsabilidad de *La rebelión de los pacientes*, pero no puede atribuirse el mérito. El mérito pertenece a una comunidad de amigos leales y críticos, que entendieron el propósito del libro y me ayudaron a hacerlo realidad. Muchos de estos amigos me contaron historias, recomendaron lecturas o presentaron argumentos que dieron como resultado nuevas frases con palabras mejores. Sus contribuciones resultaron valiosísimas para un libro sobre lenguaje. Pocos entendieron con claridad mi intenso deseo de escribir este libro. Al ver lo que quería hacer, me empujaron constantemente a completarlo. Su amor y amistad se unieron a la necesidad urgente de una rebelión de los pacientes para animarme. Espero que esta publicación no haya decepcionado a esta tribu tan generosa.

Estoy particularmente agradecido a Maggie Breslin, José de los Heros, Anja Fog Heen, Gordon Guyatt, Ian Hargraves, Iona Heath, Brian Kilen, Marleen Kunneman, Sara Segner, Claudia Tabini y Anjali Thota, quienes leyeron cuidadosamente los borradores y me hicieron amables sugerencias que casi siempre mejoraron el libro en inglés.

Le estoy muy agradecido a Jordi Varela, quien tuvo la primera iniciativa de traducir *Why We Revolt* al español. Esta versión es producto de la interpretación del poeta Manuel Iris, que con muchísima paciencia, negoció las piruetas lingüísticas con las que nos retó el original. Gemma Villanueva me ayudó a editarlo con mucho cuidado, hilando con elegancia. Además, he contado con la generosa lectura y acertadísimos apuntes de Alberto Meléndez, José de los Heros, Claudia Tabini, René Rodríguez Gutiérrez, Lisdamys Morera González, Juan Pablo Brito, Alonso Montori y Germán Málaga.

También estoy en deuda con mi familia de trabajo, la Unidad KER y nuestros pacientes asesores. Su generosidad, y la disciplina celosa que Kirsten Fleming impuso en la programación de mis días, hizo espacio y profundizó el tiempo para poder pensar y escribir. Espero haber representado con justicia nuestro trabajo, las historias que juntos descubrimos y compartimos, y la profundidad de sus ideas. Ustedes saben cuántas de las ideas de este libro son realmente suyas.

Escribir este libro me hizo prestarle atención a mis experiencias, historias, ideas y emociones, pero no necesariamente a las de las personas más cercanas a mí. Me convertí en un tipo insufriblemente monotemático y aburrido. Sin embargo, mis amigos más cercanos y mi familia no se apartaron (al menos no lo suficientemente rápido) cada vez que hablaba sobre "el libro". Mi madre, a quien le dedico esta edición, siempre insistió en la necesidad de publicarla.

Claudia, mi esposa, y mis hijos mantuvieron un lugar, nuestra catedral, en el que se me hizo fácil elaborar frases sobre el cuidado y superar la página en blanco. No les podría estar más agradecido. Ojalá que este trabajo sea motivo de orgullo para ellos.

Las historias pueden informar, infectar, irritar y detonar una reacción en cadena capaz de hacer insostenible el *statu quo*.

Contar historias es el primer paso hacia un movimiento que conduzca a una atención al paciente cuidadosa y gentil.

Nuestra misión es empoderar a las personas para que encuentren y cuenten sus propias historias, en consultas y camas de hospital, en sus comunidades y en las reuniones en las que los líderes deciden sobre políticas de salud.

Únete a nosotros.

En nuestro sitio web (patientrevolution.org), ofrecemos herramientas para ayudarte a contar tu historia y a cambiar la atención industrializada de la salud por una atención cuidadosa y gentil para todos.

Al leer este libro, quizás quieras compartir tus propias historias conmigo.

Hazlo.

Envíame tus historias a: victor@patientrevolution.org